普通高等教育教材

水环境化学实验

马海艳　主编

U0230744

化学工业出版社
·北京·

内容简介

《水环境化学实验》是针对地表水环境质量标准中的基本项目，系统编制而成的水环境化学实验指导教材。全书分为5章，包括水环境化学实验基本知识、水质样品的采集、水质样品的保存和运输、天然水水质标准、常见水质指标的测定实验。其中，常见水质指标的测定实验系统介绍了水温、水的色度、浊度、悬浮物、pH、溶解氧、高锰酸钾指数、五日生化需氧量、化学需氧量等19项典型水质指标的测定实验过程和结果分析，具有一定的参考价值。

本书适合作为高等学校环境科学、环境工程、水文学及水资源专业本科生的教材，也可供环境保护、给排水等专业的科技人员和高校师生参考。

图书在版编目(CIP)数据

水环境化学实验/马海艳主编. —北京：化学工业出版社，2022.5
（2023.9 重印）
普通高等教育教材
ISBN 978-7-122-41032-0

Ⅰ.①水…　Ⅱ.①马…　Ⅲ.①水环境-化学实验-高等学校-教材
Ⅳ.①X143.4-33

中国版本图书馆 CIP 数据核字（2022）第 046997 号

责任编辑：王海燕　姜　磊　　　文字编辑：张凯扬　陈小滔
责任校对：田睿涵　　　　　　　　装帧设计：关　飞

出版发行：化学工业出版社
　　　　　（北京市东城区青年湖南街 13 号　邮政编码 100011）
印　　装：北京科印技术咨询服务有限公司数码印刷分部
787mm×1092mm　1/16　印张 9　字数 182 千字
2023 年 9 月北京第 1 版第 2 次印刷

购书咨询：010-64518888　　　　　售后服务：010-64518899
网　　址：http://www.cip.com.cn
凡购买本书，如有缺损质量问题，本社销售中心负责调换。

定　　价：32.00 元　　　　　　　　　　版权所有　违者必究

前 言

水是人类宝贵的自然资源，水质的优劣影响着人类的生活、生产及健康。可以说水是万物之本，是人类与生物赖以生存和发展必不可少的物质。

"水环境化学"是化学与环境科学的交叉学科——环境化学的次一级分支学科。"水环境化学"以解决水环境问题为目标，主要研究污染物质在水环境中引起的环境问题，研究污染物质在陆地水环境中迁移转化积累的规律。因而水环境化学也是水文水资源学的重要组成部分，是水利工程次一级学科水文水资源方向的一门重要课程。

水环境化学是一门综合性极强的学科，它所涉及的理论和实验技能的范围是很广泛的，掌握必要的水环境化学的实验技能对于我们理解和认识水环境化学的有关理论，从事水环境化学的研究工作有着非常重要的意义。随着我国水利事业与高等教育事业的快速发展，以及教育教学改革的不断深入，水利高等教育也得到了极大的发展与提高。教学改革后，实验实践类课程占总学分的比例大大提升，水环境化学实验成为了环境科学与工程、水文学及水资源等专业学生的一门必修课，是教学计划中的重要组成部分，也是从事水环境保护工作的主要基础和有效手段。

本书详细介绍了地表水环境质量标准，从中精选了水环境化学研究和监测中实用性较强的水质指标，系统讲述了水质样品从选址、采集、运输、储存到实验室分析的全套流程。本书实验部分的编写以最新的国家环境质量标准为依据，规范实验的基本操作，强调实验的专业性。书中提供了最新的国家标准，可供从事水利事业的高等院校的学生和教师使用。

本书是在兰州大学资源与环境学院使用多年的水环境化学实验讲义的基础上编写而成的。本书在编写过程中，既考虑对学生基本技能的培养和锻炼，又注重体现学科当前最新的研究动态和研究方法。

本书由马海艳主编，高坛光、刘琴参编。其中，第1章由马海艳、刘琴编写，第2章、第3章由马海艳、高坛光编写；第4章、第5章由马海艳编写。全书由马海艳统稿，兰州大学徐彩玲教授主审。

受编者水平所限，书中不妥之处在所难免，敬请各位专家和读者批评指正。

编者
2022 年 1 月

目录

0 绪论 / 001

0.1 水环境化学实验的目的和意义 / 001
0.2 水环境化学实验的学习方法 / 002

第1章 水环境化学实验基本知识 / 003

1.1 实验安全及规范要求 / 003
    1.1.1 实验安全 / 003
    1.1.2 规范要求 / 004
1.2 意外事故的急救处理方法 / 005
    1.2.1 割伤 / 005
    1.2.2 烫伤 / 005
    1.2.3 酸或碱灼伤 / 005
    1.2.4 受溴腐蚀致伤 / 005
    1.2.5 磷灼伤 / 005
    1.2.6 吸入溴蒸气、氯气、硫化氢等气体 / 005
    1.2.7 有毒物质入口 / 006
    1.2.8 触电 / 006
1.3 溶液的配制 / 006
    1.3.1 一般溶液的配制 / 006
    1.3.2 基准溶液的配制 / 006
    1.3.3 标准溶液的配制 / 007
    1.3.4 饱和溶液的配制 / 007
1.4 玻璃器具的清洁 / 007
    1.4.1 洗涤 / 007
    1.4.2 洗涤液的制备 / 009
    1.4.3 干燥 / 009
1.5 数据的采集 / 010
    1.5.1 数据的记录与处理 / 010
    1.5.2 误差 / 011
    1.5.3 有效数字 / 013

1.5.4 提高分析结果准确度的方法 / 014

第2章 水质样品的采集 / 016

2.1 水样类型 / 016
    2.1.1 瞬时水样 / 016
    2.1.2 周期水样（不连续水样） / 017
    2.1.3 连续水样 / 017
    2.1.4 混合水样 / 017
    2.1.5 综合水样 / 017
    2.1.6 平均污水样 / 017
2.2 采样的前期装备和要求 / 018
    2.2.1 容器和采样器 / 018
    2.2.2 交通工具 / 020
2.3 样品采集 / 020
    2.3.1 地表水采样 / 021
    2.3.2 地下水采样 / 026
    2.3.3 废水采样 / 029
    2.3.4 降水采样 / 031
    2.3.5 底质（沉积物）采样 / 031

第3章 水质样品的保存和运输 / 032

3.1 水样的保存 / 032
    3.1.1 水样变化的原因 / 033
    3.1.2 贮水容器的选择 / 033
    3.1.3 容器的准备 / 033
    3.1.4 容器的封存 / 035
    3.1.5 贮存时间 / 035
    3.1.6 贮存方法 / 035
    3.1.7 常用水样保存技术 / 036
3.2 水样的运输 / 045
    3.2.1 样品标记及密封 / 045
    3.2.2 防震防破损 / 046
    3.2.3 冷藏要求 / 046
    3.2.4 保温 / 046
    3.2.5 押运转交 / 046
    3.2.6 超出保质期 / 046

第4章 天然水水质标准 / 047

4.1 水质指标 / 047
    4.1.1 物理指标 / 047
    4.1.2 化学指标 / 048
    4.1.3 生物指标 / 049
    4.1.4 放射性指标 / 049
4.2 地表水环境质量标准 / 049
    4.2.1 水域功能和标准分类 / 050
    4.2.2 地表水环境质量标准基本项目指标及分析方法 / 050
    4.2.3 集中式生活饮用水地表水源地补充项目指标及分析方法 / 052
    4.2.4 集中式生活饮用水地表水源地特定项目指标及分析方法 / 053

第5章 常见水质指标的测定实验 / 059

5.1 水温的测定——温度计法 / 059
    5.1.1 实验目的 / 059
    5.1.2 原理 / 059
    5.1.3 仪器 / 059
    5.1.4 测定步骤 / 060
    5.1.5 注意事项 / 061
5.2 色度的测定——铂钴比色法 / 061
    5.2.1 实验目的 / 061
    5.2.2 实验原理 / 061
    5.2.3 仪器和试剂 / 062
    5.2.4 测定步骤 / 062
    5.2.5 计算方法 / 062
    5.2.6 注意事项 / 062
5.3 悬浮物和浊度的测定 / 063
    5.3.1 实验目的 / 063
    5.3.2 重量法测悬浮物 / 063
    5.3.3 分光光度法测浊度 / 065
5.4 硬度的测定——EDTA滴定法 / 066
    5.4.1 实验目的 / 066
    5.4.2 实验原理 / 066
    5.4.3 仪器 / 067
    5.4.4 试剂 / 067
    5.4.5 测定步骤 / 068

　　　5.4.6　结果处理　/ 068

　　　5.4.7　注意事项　/ 068

　5.5　pH 值的测定——玻璃电极法　/ 069

　　　5.5.1　实验目的　/ 069

　　　5.5.2　仪器　/ 069

　　　5.5.3　试剂　/ 069

　　　5.5.4　测定步骤　/ 070

　　　5.5.5　计算　/ 071

　　　5.5.6　允许差　/ 071

　　　5.5.7　注意事项　/ 071

　5.6　溶解氧——碘量法　/ 072

　　　5.6.1　实验目的　/ 072

　　　5.6.2　实验原理　/ 072

　　　5.6.3　仪器　/ 072

　　　5.6.4　试剂　/ 072

　　　5.6.5　测定步骤　/ 073

　　　5.6.6　结果处理　/ 074

　　　5.6.7　注意事项　/ 074

　5.7　高锰酸盐指数的测定——高锰酸盐法　/ 074

　　　5.7.1　实验目的　/ 074

　　　5.7.2　实验原理　/ 075

　　　5.7.3　试剂　/ 075

　　　5.7.4　仪器　/ 076

　　　5.7.5　测定步骤　/ 076

　　　5.7.6　结果处理　/ 076

　　　5.7.7　注意事项　/ 077

　5.8　五日生化需氧量的测定——稀释与接种法　/ 077

　　　5.8.1　实验目的　/ 078

　　　5.8.2　实验原理　/ 078

　　　5.8.3　试剂和材料　/ 078

　　　5.8.4　仪器　/ 080

　　　5.8.5　样品　/ 080

　　　5.8.6　测定步骤　/ 081

　　　5.8.7　结果计算　/ 084

　　　5.8.8　质量控制　/ 085

　　　5.8.9　精密度和准确度　/ 085

　　　5.8.10　注意事项　/ 085

　5.9　化学需氧量的测定——快速消解分光光度法　/ 086

　　　5.9.1　实验目的　/ 086

　　5.9.2　实验原理　/ 086

　　5.9.3　仪器　/ 086

　　5.9.4　试剂　/ 087

　　5.9.5　测定步骤　/ 089

　　5.9.6　结果处理　/ 090

　　5.9.7　注意事项　/ 090

5.10　水和废水中氨氮的测定——纳氏分光光度法　/ 091

　　5.10.1　适用范围　/ 091

　　5.10.2　方法原理　/ 091

　　5.10.3　干扰及消除　/ 091

　　5.10.4　试剂和材料　/ 092

　　5.10.5　仪器和设备　/ 093

　　5.10.6　样品　/ 093

　　5.10.7　测定步骤　/ 094

　　5.10.8　结果计算　/ 094

　　5.10.9　质量保证和质量控制　/ 095

　　5.10.10　注意事项　/ 096

5.11　水中总磷的测定——钼酸铵分光光度法　/ 096

　　5.11.1　适用范围　/ 096

　　5.11.2　方法原理　/ 096

　　5.11.3　试剂　/ 097

　　5.11.4　仪器　/ 098

　　5.11.5　采样和样品　/ 098

　　5.11.6　测定步骤　/ 098

　　5.11.7　结果计算　/ 099

　　5.11.8　注意事项　/ 100

5.12　水中总氮的测定——碱性过硫酸钾消解紫外分光光度法　/ 100

　　5.12.1　实验目的　/ 100

　　5.12.2　实验原理　/ 101

　　5.12.3　仪器　/ 101

　　5.12.4　试剂　/ 101

　　5.12.5　样品　/ 102

　　5.12.6　测定步骤　/ 102

　　5.12.7　结果处理　/ 103

　　5.12.8　注意事项　/ 104

5.13　水中挥发酚的测定——蒸馏后4-氨基安替比林分光光度法　/ 104

　　5.13.1　实验目的　/ 104

　　5.13.2　萃取分光光度法　/ 104

　　5.13.3　直接分光光度法　/ 108

　　　　5.13.4　注意事项 / 109

5.14　水中硝酸盐氮的测定——紫外分光光度法 / 110

　　　　5.14.1　实验目的 / 111

　　　　5.14.2　实验原理 / 111

　　　　5.14.3　仪器 / 111

　　　　5.14.4　试剂 / 111

　　　　5.14.5　测定步骤 / 112

　　　　5.14.6　结果处理 / 112

　　　　5.14.7　注意事项 / 113

5.15　阴离子表面活性剂的测定——亚甲蓝分光光度法 / 113

　　　　5.15.1　实验目的 / 114

　　　　5.15.2　实验原理 / 114

　　　　5.15.3　仪器 / 114

　　　　5.15.4　试剂 / 114

　　　　5.15.5　测定步骤 / 115

　　　　5.15.6　结果处理 / 116

　　　　5.15.7　注意事项 / 117

5.16　水中硫化物的测定——气相分子吸收光谱法 / 118

　　　　5.16.1　实验目的 / 118

　　　　5.16.2　实验原理 / 118

　　　　5.16.3　仪器 / 118

　　　　5.16.4　试剂 / 119

　　　　5.16.5　测定步骤 / 121

　　　　5.16.6　结果处理 / 122

　　　　5.16.7　注意事项 / 122

5.17　粪大肠菌群的测定——滤膜法 / 123

　　　　5.17.1　实验目的 / 123

　　　　5.17.2　实验原理 / 123

　　　　5.17.3　培养基和试剂 / 123

　　　　5.17.4　仪器和设备 / 124

　　　　5.17.5　测定步骤 / 125

　　　　5.17.6　结果处理 / 126

　　　　5.17.7　注意事项 / 127

5.18　水中硫酸盐的测定——铬酸钡分光光度法 / 127

　　　　5.18.1　实验目的 / 127

　　　　5.18.2　实验原理 / 127

　　　　5.18.3　仪器 / 128

　　　　5.18.4　试剂 / 128

　　　　5.18.5　实验步骤 / 128

    5.18.6　结果处理 / 129

    5.18.7　注意事项 / 129

5.19　水中氯化物的测定——硝酸银滴定法 / 129

    5.19.1　实验目的 / 129

    5.19.2　实验原理 / 130

    5.19.3　仪器 / 130

    5.19.4　试剂 / 130

    5.19.5　测定步骤 / 131

    5.19.6　结果处理 / 132

    5.19.7　注意事项 / 132

参考文献 / 133

0 绪 论

0.1 水环境化学实验的目的和意义

水环境化学是环境化学的重要组成部分，是在化学学科的传统理论和方法的基础上发展起来的，它是研究化学物质在天然水体中的存在形态、反应机制、迁移转化、归趋的规律与化学行为及其对生态环境的影响的一门学科，这些研究将为水污染控制和水资源保护提供科学依据。

近年来，水污染问题日益突出，为适应环境保护工作的需要，解决国家发展与水环境的矛盾，利用有限的水资源完成现代化的任务并满足广大人民日益增长的美好生活需要，必须探求水环境保护的机制，水环境化学正是在此基础上提出并不断完善的。

水环境化学是一门实践性很强的学科，水环境化学实验是教学计划中的重要组成部分，也是从事水环境保护工作的主要基础和有效手段。掌握必要的水环境化学实验技能对于认识和理解水环境化学的有关理论，从事水环境化学的研究工作都有着非常重要的意义。

通过实验，可以加深学生对水环境化学基本理论和基础知识的理解和掌握，深化理论水平；加强学生实践动手能力，使其清楚实验工作的基本原则和方法；培养学生实事求是的科学态度，认真严谨的科学习惯及思维方式，使学生逐步掌握科学研究的方法；此外还有助于培养学生独立工作和独立思考的能力，提高认识、分析、归纳、总结水环境问题和解决水环境问题的基本能力，使其进一步掌握水环境化学方面的相关知识，为今后在相关领域开展研究工作打下坚实基础，并达到培养青年学生探索求实科学精神的目的。

0.2 水环境化学实验的学习方法

实验前应该认真预习实验指导书、教材以及参考资料中的相关内容，清楚实验目的、实验原理、实验步骤、操作过程以及注意事项。

实验时应该明确实验室安全常识，严格遵守操作规范，认真详尽地观察实验现象，及时如实记录实验数据。

实验结束后，应及时完成实验报告，对实验数据进行分析处理，对实验结果进行归纳总结，以便对实验现象做出准确解释。实验报告是对实验中见到的各种现象加以描述、分析和归纳，用简练流畅的文字表达出来。写实验报告是对实验内容的系统化、巩固和提高的过程，是进行化学思维的训练。报告必须是通过自己的组织加工写出来的，切勿照抄书本。

实验报告要求以实验收集的第一手素材为依据，主题鲜明、数据准确、逻辑严密、图文并茂，要求文字简明扼要、条理清楚、思路明确、论证有据、图件整洁。

实验报告应包含封面与正文两部分。其中，正文部分主要包括实验目的和原理、仪器和试剂、测定步骤、计算方法、注意事项、实验数据及结果以及讨论与结论等。分析实验过程中的认识和见解、实验结果的误差来源，针对实验过程中存在的问题，或抓住一个核心问题进行讨论。依据实验的具体情况，以上内容可做一定筛减。

第**1**章
水环境化学实验基本知识

1.1 实验安全及规范要求

1.1.1 实验安全

在实验室中，因经常与有毒性、腐蚀性、易燃和具有爆炸性的化学药品接触，需经常使用易碎的玻璃及瓷质器皿，以及在煤气、水、电等高温电热设备的环境下工作，因此，必须非常重视实验室安全。

实验室安全包括人身安全及实验室、仪器、设备的安全。化学实验室典型事故类型：因电路老化、电器通电时间过长、易燃易爆品操作不慎或保管不当等引起的火灾事故；因设备老化等造成的易燃易爆品泄漏，违反操作规程、对易燃易爆品处理不当、强氧化剂与性质有抵触的物质混存、火灾等引起的爆炸性事故；因误食、设备老化造成的有毒物质泄漏、操作不慎或违规造成的有毒物品散失、有毒废水未经处理流出等引起的毒害性事故等。因此，应着重注意预防操作过程中出现的烫伤、割伤、腐蚀以及毒害性事故等人身安全问题和高压气体、高压电源、易燃易爆物品可能产生的火灾、爆炸性事故等问题。

为避免造成生命财产损失，必须具备必要的安全防护知识：

① 实验室内严禁吸烟、饮食，防止化学品入口，实验结束后要洗手。

② 了解实验室电闸位置及电路走向，水、煤气管道及阀门的位置及开关方法。

③ 注意防火，万一不慎起火，切记不要慌张，要立即切断电源或燃烧源，并采取针对性的灭火措施。一般的小火用湿布、防火布或沙子覆盖燃烧物灭火。不溶于水的有机溶剂以及能与水起反应的物质（如金属钠），应该用沙土压盖或用二氧化碳灭火器灭火，绝对不能用水灭。若是电器起火，应该用四氯化碳灭火器灭火，也不能用水来灭火。紧急情况应立即报警。

④ 使用自来水后需及时关闭阀门，遇停水时要立即关闭阀门，防止无人时来水造成跑水，离开实验室时应确保自来水阀门完全关闭。

⑤ 使用煤气（天然气）的时候，需严防泄漏。在使用煤气（天然气）灯加热过程中，火源应与其他物品保持适当距离，实验人员不得长时间离开，防止熄火漏气。使用完毕应及时关闭燃气管道上的小阀门。

⑥ 使用浓酸、浓碱及其他具有腐蚀性的试剂时，操作要小心，防止溅伤和腐蚀皮肤、衣物等。浓酸、浓碱如果溅到实验台上时要用水稀释以后擦掉。使用易挥发的有毒或有强烈腐蚀性液体或气体时，需要在通风柜中操作。

⑦ 使用可燃性有机试剂时，应远离火源及其他热源，敞口操作，有挥发时应在通风柜中进行，用完后盖紧瓶塞，放置于阴凉处存放。低沸点、低闪点的有机溶剂应在水浴或电热套内加热，不能在明火或电炉上直接加热。

⑧ 使用氰化钾、氰化砷、氰化汞等剧毒品时要特别小心，用过的废物、废液不能乱扔、乱倒，必须回收处理。使用汞的时候应避免泼洒在实验台和地面上，万一泼洒，应尽量收集干净，然后在可能洒落的地方撒硫黄粉，然后清扫干净，集中按固体废物处理，使用后的汞必须收集在专用的回收容器中。

1.1.2 规范要求

① 遵守纪律，不迟到早退，实验室内不得嬉戏打闹、吸烟、吃东西，保持室内安静，不做与实验无关的事情；

② 做实验时必须穿实验服，戴口罩、手套等防护用具，不得穿拖鞋、短裤等，避免皮肤暴露过多；

③ 应节约使用水、电、气、药品，要爱护仪器和实验室设备；

④ 实验使用的玻璃器皿、试剂等放置应合理有序，操作台应保持干净整洁，实验完毕或中途暂停时，所用物品应放归原处；

⑤ 使用玻璃仪器时，应提前检查是否有裂痕，边缘是否有尖锐的棱角等，以避免意外的发生，使用时也应该轻拿轻放，防止破损；

⑥ 按规定取用药品，称取药品后，应及时盖好原瓶盖，放回指定位置；

⑦ 易燃易爆试剂，须储放于阴凉通风处，不得直接置于阳光下或接近热源；

⑧ 废物废液不能乱扔乱倒，废液应倒入实验室的废液桶中；

⑨ 认真做好实验记录，所有数据应使用钢笔或圆珠笔记录在记录本上，坚决不允许伪造数据；

⑩ 实验完毕后，应把实验桌面整理干净、仪器和药品放置整齐；

⑪ 轮流值日，值日生负责打扫实验室卫生，关闭水龙头、气体开关，电器开关，关窗锁门，以保证实验的整洁和安全。

1.2 意外事故的急救处理方法

1.2.1 割伤

先将异物从伤口内挑出，如果是轻伤可用蒸馏水、生理盐水或硼酸溶液擦洗伤口处，涂抹紫药水（红药水）或贴上"创可贴"，必要时撒上消炎药，用绷带包扎。伤势较重时，先用酒精在伤口周围擦洗消毒，再用纱布按压伤口止血，送院就医。

1.2.2 烫伤

可用10%的高锰酸钾溶液擦烫伤处，也可涂上烫伤膏、万花油或风油精，不要用水冲洗，也不要弄破水泡。如果烫伤比较严重，涂抹消炎药或烫伤药膏，用油纱绷带包扎，送院就医。

1.2.3 酸或碱灼伤

先用干净的干布或吸水纸擦干，再用大量水冲洗。如受酸腐蚀致伤，可在上述基本操作后，用3%的苏打溶液或稀氨水冲洗，然后浸泡在冰冷的饱和硫酸镁溶液中0.5h，最后敷以硫酸镁26%、氧化镁6%、盐酸普鲁卡因1.2%和水配成的药膏。如受碱腐蚀致伤，可在基本操作后，用2%的柠檬酸或3%的硼酸溶液清洗。当酸碱液溅入眼内时，应先用大量水长时间冲洗，再用3%~5%的碳酸氢钠溶液冲洗，最后用清水洗眼。严重时，应立即送医院急救。

1.2.4 受溴腐蚀致伤

先用苯或甘油清洗伤口，再用水洗。

1.2.5 磷灼伤

用1%的硝酸银、5%的硫酸铜或浓高锰酸钾溶液清洗患处，然后包扎，严重时应及时送医院治疗。

1.2.6 吸入溴蒸气、氯气、硫化氢等气体

可吸入少量乙醇和乙醚的混合蒸气以解毒，并到室外呼吸新鲜空气。如吸入 H_2S 气体而感到不适时，应立即到室外呼吸新鲜空气。需要注意：氯、溴中毒不可进行人工呼吸；一氧化碳中毒不能使用兴奋剂。

1.2.7 有毒物质入口

可将 5～10mL 稀硫酸铜溶液加入一杯温水中，内服，然后用手指或其他东西伸入咽喉，催吐，然后立即就医。

1.2.8 触电

应立即切断电源，或尽快利用绝缘物（干木棒、干竹竿等）将触电者与电源隔离。事故严重者，应立即送医治疗。

1.3 溶液的配制

化学实验通常配制的溶液有一般溶液、基准溶液、标准溶液和饱和溶液。

1.3.1 一般溶液的配制

（1）**直接水溶法** 对易溶于水而不发生水解的固态试剂，例如 $NaOH$、$H_2C_2O_4$、KNO_3、$NaCl$ 等，配制其溶液时，可用托盘天平称取一定量的固体于烧杯中，以少量蒸馏水搅拌溶解后，稀释至所需体积，转移至试剂瓶中。

（2）**介质水溶法** 对易水解产生沉淀或生成气体的固体试剂，例如，$FeCl_3$、$SbCl_3$、$BiCl_3$、Na_2S 等，配制其溶液时，称取一定量的固体，加入适量一定浓度的酸或碱使之溶解后，再以蒸馏水稀释，摇匀。

此外，对于一些在水中溶解度较小的固体试剂。如固体 I_2，可先以适当的溶剂（KI 水溶液）使其溶解，然后按同样方法配制其溶液。

（3）**稀释法** 对于液态试剂，如 HCl、H_2SO_4、HNO_3、HAc 等，配制其稀溶液时，先用量筒取所需要量的浓溶液，然后用所需量的蒸馏水稀释。配制稀 H_2SO_4 时，需要特别注意的是，应在不断搅拌下将浓 H_2SO_4 缓慢倒入水中，切记不可将操作顺序反过来。

对于一些见光分解或易发生氧化还原反应的溶液，还应采取适当的措施，防止保存期间失效，如 Sn^{2+}、Fe^{2+} 溶液应分别放入一些 Sn 粒及 Fe 屑；$AgNO_3$、$KMnO_4$、KI 等溶液应贮于干净的棕色瓶中；容易发生化学腐蚀的溶液还应贮于合适的容器中。

1.3.2 基准溶液的配制

用基准试剂直接配制成的已知准确浓度的溶液称为基准溶液。基准试剂（基准物质）应具备下列条件：

① 试剂的组成应与其化学式完全相符。

② 试剂的纯度应足够高（一般要求纯度在 99.9%以上），而杂质的含量应尽量少至不影响分析的精度。

③ 试剂在通常条件下应该稳定。

④ 试剂参加反应时，应按反应式定量进行，没有副反应发生。

⑤ 试剂最好有比较大的摩尔质量。这样，相对称量较多，而称量误差就会较小。

基准溶液的配制方法为：用分析天平称取一定量的基准试剂于烧杯中，加入适量离子交换水溶液后，转入容量瓶中，用少量离子交换水清洗烧杯 3～4 次，一并转入容量瓶，再用离子交换水稀释至刻度，摇匀，即为基准溶液，其准确浓度可由称量数据及稀释体积精确求得。

1.3.3 标准溶液的配制

已知准确浓度的溶液都可称作标准溶液。标准溶液通常有两种配制方法：一种是直接法，即利用基准试剂用上述方法配制的溶液。实际上只有少数试剂符合基准试剂的要求。另一种是标定法，很多试剂不宜用直接法配制标准溶液，而要用间接的方法，即标定法。在这种情况下，先配成接近所需浓度的溶液，然后用基准试剂或另一种已知准确浓度的标准溶液来标定它的准确浓度。

当需要通过稀释法配制标准溶液的稀溶液时，应用移液管准确吸取其浓溶液，在适当的容量瓶中经稀释配制。

贮存的标准溶液，由于水分蒸发，水珠凝于瓶壁，使用前应先将溶液摇匀。如果溶液浓度有了改变，必须重新标定。对于不稳定的溶液应定期标定。

1.3.4 饱和溶液的配制

若配制硫化氢、氯等气体的饱和溶液，只要在常温下把挥发出来的硫化氢、氯等气体通入蒸馏水中一段时间即可。若配制其固体试剂的溶液，先按该试剂的溶解度数据计算出所需的试剂量和蒸馏水量，称量出比计算量稍多的固体试剂，磨碎后放入水中，长时间搅拌直至固体不再溶解为止。这样得到的溶液即可认为是饱和溶液。对于其溶解度随温度升高而增大的固体，可加热至高于室温（同时搅拌），再让其溶液冷却下来，多余的固体析出后所得的溶液即为饱和溶液。

在配制溶液过程中，加热和搅拌都可加速固体的溶解，但搅拌不宜太猛烈，更不能使搅拌棒触及容器底部及器壁。

1.4 玻璃器具的清洁

1.4.1 洗涤

一般情况下，附着在玻璃器具上的污物有尘土及其他不溶性物质、可溶性物质、有机物和油垢。

在水环境化学实验中，洗涤玻璃器具是决定实验成败的重要因素，具体的洗涤方法，要根据实验的要求、脏物的性质、脏的程度来选择，不同实验内容有不同的仪器清洗要求。在定性、定量的实验中，由于杂质的存在会影响实验的精度，所以对仪器清洗的要求比较高，除要求器壁上一定不能挂水珠外，还要用蒸馏水荡洗 3 次，荡洗后的仪器，用指示剂检查应该为中性。在某些情况下，如一般无机物、有机物的制备，要求可低一些，只要没有明显的脏物就可以了。

（1）用水洗　对于玻璃器具上附着的污物如尘土、不溶性物质及可溶性物质，一般可以用水和试管刷刷洗。

（2）用去污粉或合成洗涤剂洗　实验室常用的烧杯、量筒和离心管等附着油污和有机物质时，可以用毛刷蘸取去污粉或合成洗涤剂刷洗，如果还是洗不干净，可以用热的碱液清洗，再用自来水冲洗，然后用蒸馏水或去离子水润洗三次。

（3）用铬酸洗液洗　滴定管、移液管、吸量管和容量瓶等具有精密刻度的玻璃器具，不宜用毛刷刷洗，油脂及还原性污垢宜先用合成洗涤剂或铬酸洗液浸泡一段时间，必要时可加热洗液，然后将洗涤剂或铬酸洗液倒出，再用自来水冲洗，然后用蒸馏水或去离子水润洗三次。需要注意的是铬酸洗液是一种酸性很强的强氧化剂，具有很强的腐蚀性，易灼伤皮肤，烧坏衣物，且铬有毒，是强致癌物，因此，能不用尽量不用，使用后要倒回原瓶，切勿直接倒入水池，以免造成环境污染。

（4）用超声波清洗器洗　超声波作用于液体中时，液体中每个气泡的破裂会产生能量极大的冲击波，相当于瞬间产生几百度的高温和上千个大气压的高压，这种现象被称为空化作用，超声波清洗正是用液体中气泡破裂所产生的冲击波来达到清洗和冲刷工件内外表面的作用。对于几何形状比较复杂，带有各种小孔及不便拆开的物件，效果更佳。使用时，先将清洗液（水或加有洗涤剂的水）在清洗器不带电的情况下加入清洗槽中，水位线不得低于 2/3 槽深，再使清洗器通电运转 2～3min 除气，然后将待洗物件放入槽内清洗，根据污垢去除的情况，确定清洗时长，最后取出物件用清水漂洗。

（5）特殊情况

① 比色皿的洗涤。光学玻璃制成的比色皿不能用刷子刷洗。通常根据被污染的情况，选择合成洗涤剂或盐酸-乙醇混合液浸泡内外壁几分钟（时间不宜过长），或用（1∶1）硝酸洗涤后，再用自来水冲洗，然后用蒸馏水或去离子水润洗三次。或高锰酸钾-盐酸羟胺氧化还原法洗涤，再用自来水冲洗，然后用蒸馏水或去离子水润洗三次。

② 做痕量金属分析的玻璃器皿。应使用（1∶1）～（1∶9）的硝酸溶液浸泡，然后按常规方法洗涤。

洗过的器具壁上，不应附着不溶物、油污。将器具倒转，使水沿器壁留下，在器壁上只留下一层既薄又均匀的水膜，不挂水珠的情况下，表明器具已经清洗干净了。已洗净的器具不能再用布或纸擦拭，避免再次弄脏。

1.4.2 洗涤液的制备

针对不同的污物，可以分别用不同洗涤剂洗涤，常用洗涤剂有以下几种：

（1）**合成洗涤剂** 用合成洗涤剂粉加热水搅拌而成，可用于一般的洗涤。

（2）**碱性酒精溶液** 指30%～40%（质量分数）的NaOH酒精溶液，可用于洗涤油污。

（3）**$KMnO_4$碱性洗液** $KMnO_4$碱性洗液，作用缓慢，适用于洗涤有油污的器皿。取$KMnO_4$（L.R.）4g，溶于少量水中，缓缓加入100mL 10%的NaOH溶液，可用于洗涤油污及有机物，洗后玻璃壁上附着有MnO_2沉淀，可采用粗亚铁盐或Na_2SO_3溶液去除。

（4）**铬酸洗液** $K_2Cr_2O_7$在酸性溶液中有很强的氧化能力，对玻璃仪器又极少有侵蚀作用，所以这种洗液在实验室内使用最广泛。取$K_2Cr_2O_7$（L.R.）20g置于500mL的烧杯中，加水40mL，加热溶解，放冷后，缓缓加入粗浓H_2SO_4即可（需边加边搅拌），贮存于磨口细口瓶中（浓硫酸易吸水，需防止吸水），因此应该用磨口塞子塞好。铬酸洗液可用于洗涤油污及有机物，使用时需防止其遇水稀释，在此基础上，该洗液可反复使用，用完收回原磨口细口瓶中，直至溶液变为绿色。

（5）**纯酸纯碱洗液** 根据器皿污垢的性质，直接用浓盐酸（HCl）或浓硫酸（H_2SO_4）、浓硝酸（HNO_3）浸泡或浸煮器皿（温度不宜太高，否则浓酸挥发会刺激人）。纯碱洗液多采用10%（质量分数）以上的浓烧碱（NaOH）、氢氧化钾（KOH）或碳酸钠（Na_2CO_3）液浸泡或浸煮器皿（可以煮沸）。

1.4.3 干燥

在实验中，通常需用干燥的仪器，特别是在一些有机实验中，水是大多数有机反应的有害杂质，极微量的水分有时都会完全阻止反应，这些实验的成败往往决定于仪器的干燥程度。可根据不同的情况，采用不同的仪器或方法将洗净的仪器进行干燥。

洗净的玻璃仪器常用的干燥方法有晾干、风吹干、烤干和烘干。

（1）**晾干** 对于不能采用烘干的量器（如移液管、容量瓶等）和不急用的仪器，可将洗净的仪器倒置在无尘干燥的实验柜或仪器架上控去水分，自然干燥。可用安装有木钉的架子或带有透气孔的玻璃柜放置仪器，倒置后不稳定的仪器应平放。

（2）**吹干** 对于急于干燥的仪器或不适合放入烘箱的较大的仪器可用吹干的办法。通常用少量乙醇或丙酮倒入已控去水分的仪器中摇洗，然后用电吹风机吹，开始用冷风吹1～3min，当大部分溶剂挥发后吹入热风至完全干燥，再用冷风吹去残余蒸气，不使其又冷凝在容器内。

（3）**烤干** 烧杯和蒸发皿等擦干外壁后，可以放在石棉网上用小火烤干。试管可直接用小火烤干，操作时应将管口向下，并不时来回移动试管，待水珠消失后，将管口朝上，以便水蒸气逸出。

（4）**烘干**　对于一般的玻璃仪器（如烧杯、锥形烧瓶、试管等），洗净控去水分后，可放在烘箱内烘干，烘箱温度控制在 105℃左右，烘 2h 左右。也可放在红外灯干燥箱中烘干。

注意：

① 冷热仪器应尽量隔开，以免玻璃因局部过冷、过热而发生炸裂；

② 带实心玻璃塞的及厚壁仪器烘干时要注意慢慢升温并且温度不可过高，以免破裂；

③ 易燃、挥发物不能进入烘箱，以免发生爆炸。

1.5　数据的采集

1.5.1　数据的记录与处理

1.5.1.1　实验数据的记录

在化学实验中，需要正确地记录和计算实验测定的各类数据。

① 要有严谨的科学态度，实事求是，切忌夹杂主观因素，绝对不允许随意拼凑和伪造数据。

② 应准备专门的实验记录本，用于及时、准确而清楚地记录实验数据、实验现象、实验过程中涉及的各种特殊仪器的名称型号和标准溶液的浓度等，不得将实验数据随意记录。记录本上的每一个数据都是实验测定结果，即便多次实验中存在重复数据，也应全部记录下来。

③ 测量结果的数值既表示了测量数据的大小，又反映了测量的准确程度，记录实验数据时，应注意其有效数字的位数，该位数由仪器精度来确定。记录实验数据和计算结果应保留几位有效数字是非常重要的，不能随意增加或减少位数。如果发现数据记录有误，可将该数据用横线划去，并在其上方写上正确的数字。

④ 实验结果应以多次测定的平均值来表示，同时还应给出测定结果的置信区间或标准偏差值。

1.5.1.2　实验结果的表示

为了有助于对实验结果进行比较，更好地显示其特征及规律，需要将实验数据归纳和处理。实验结果的表示和归纳方法主要有三种：列表法、图示法和数学方程表示法。

（1）**列表法**　在水环境化学实验中，最常用的表格为函数表，将自变量 x 和因变量 y 一一对应排列成表格，以表示两者之间的关系。列表时应注意以下几点：

① 每一个表格都应该标注出其名称。

② 表格应根据实验内容划分行列，并标注清楚其对应的名称及量纲。

③ 记录实验数据时，应注意其有效数字位数。

④ 通常选择比较简单的变量为自变量，如温度、时间、浓度等，实验时尽量让自变量均匀变化。

列表法比较简单，但不能表示出各数据之间连续变化的规律，以及在实验数值范围内任一自变量与因变量之间的对应关系，所以一般与图示法配合使用。

（2）**图示法**　采用各种图示方法对实验数据进行展示，有助于对实验数据结果进行比较，发现其异同点，能更为直观地展现各数据之间的关系，依据图示内容，便于找出实验数据的统计特征值如最大值、最小值、中间值等，也易于明确转折点特性，并可用于确定经验方程中的常数等。另外，多次实验获得的图像，通常具有"平均"的意义，可据此消除一些偶然误差。因此，图示法是非常重要的一种实验数据处理方法，也是获取数学方程式的基础。作图时应注意以下几项：

① 选择作图纸和坐标值。常用作图纸就是迪科尔坐标系也就是直角坐标系的坐标纸，此外还有对数坐标纸等，作图时，横轴为自变量，纵轴为因变量。坐标轴比例尺的选择需要慎重，首先坐标刻度应能表示全部有效数字；其次图纸所示小格对应的数值必须要方便易读；最后应考虑图幅面积，使图形曲线分布合理。

② 代表点和曲线的选择。将实验数据标记在坐标纸对应位置上，不同系列可选择不同颜色的笔或者不同的标记符号，注意标记符号中心必须与其相应的坐标点对应。代表点标记好后，用平滑曲线或直线描绘各点的趋势线，描绘的曲线或直线须尽可能通过所有代表点，如不能，可在通过或靠近代表点的同时，使各代表点均匀分布在所绘制的曲线或直线的两侧。另外，为使得所绘趋势线的规律更接近真实情况，精度更高，在某些位置应加密实验数据点，如极大、极小或转折点。绘制过程中，如发现个别点远离趋势线，应先判断实验操作是否存在问题，被测物理量在此区域是否可能发生某些突变，如果无法确定，可先舍弃该点。

③ 图名和说明。图形作完后，需要标注图名，图名应在图形上方，标明坐标轴名称、单位、比例尺以及主要实验条件（温度、压力和浓度等）。

（3）**数学方程表示法**　将实验数据整理总结得出一个数学方程，可以更精确地表达因变量与自变量的关系。得出数学方程之前，应先将实验数据作图，然后根据所得的图形以及知识积累，尝试选择一种函数关系式，并确定其中各参数值，最后对各参数进行验证，以确定最适宜的数学方程。

各类实验曲线中，以线性方程最为简单，因此对于非线性的方程，可通过坐标转换，使其转换为线性方程。如对于指数方程，可求自变量及因变量的对数，使其在半对数坐标中呈线性方程。

1.5.2　误差

误差指的是实验中测得值与真实值之间的差值。水环境化学实验中需要测定各种物理量及参数，测定过程中，不仅要经过多项操作步骤，使用到多种仪器和化学试剂，而且还要受到被测物本身的各项因素的影响，这些都是误差产生的原因。按性质和来源可分为系统误差、随机误差和过失误差。由某些固定的原因产生的分析误差叫系统误差，其显著特点是朝一个方向偏离。造成系统误差的原因可能是试剂不纯，仪器不准，分析方法不妥，操作技术较差。由某些难以控制的偶然因素造成的误差叫随机误差或偶然误差，过失误差主要是由测量者的疏忽所造成一种误差，其所得结果没有任何意义。实验环境温度、湿度和气压的波动，仪器性能的微小变化都会产生随机误差。

1.5.2.1 系统误差

系统误差又称为可测误差或恒定误差，往往是由某种固定的因素造成的。它具有单向性（对分析结果的影响比较固定，可使测定结果系统偏高或偏低）、重现性（当重复测定时，它会重复出现，即正负，大小都有一定的规律性）、可测性（一般来说产生系统误差的具体原因都是可找到的。因此，也就能够设法加以测定，从而消除它对测定结果产生的误差）等特点。在分析测定工作中，系统误差产生的原因主要有：方法误差、仪器误差、人员误差、环境误差和试剂误差等。

（1）**方法误差** 方法误差又称理论误差，是由测定方法本身造成的误差，或是由测定所依据的原理本身不完善而导致的误差。例如在重量分析中，由于沉淀的溶解、共沉淀现象、灼烧时沉淀分解或挥发等，在滴定分析中，在方法规定的条件下，反应进行不完全或有副反应发生，干扰离子的影响使得滴定终点与理论终点不能完全符合，如此种种原因都会引起测定的系统误差。

（2）**仪器误差** 仪器误差也称工具误差，是测定所用仪器不完善造成的。分析中所用的仪器主要指基准仪器（天平、玻璃量具）和测定仪器（如分光光度计、酸度计等）。由于天平是分析测定中的最基本的基准仪器，应由计量部门定期进行校验。市售的玻璃量具（容量瓶、移液管、滴定管、刻度吸管、比色管等），其真实容量并非全部都与其标称的容量相符，对一些要求较高的分析工作，要根据容许误差范围，对所用的玻璃量器定期进行容量检定，或以适当的方法进行校正。

（3）**人员误差** 由测定人员的分辨力、反应速度的差异和固有习惯引起的误差称为人员误差。这类误差往往因人而异，因而可以采取让不同人员进行分析，以平均值报告分析结果的方法予以限制。

（4）**环境误差** 这是由测定环境所带来的误差。例如室温不符合所要求的测试条件；测定时仪器和电磁场、电网电压、电源频率等变化的影响；室内照明影响滴定终点的判断；排气通风差而造成实验室内的污染等。在实验中如发现环境条件对测定结果有影响时，应排除干扰后，重新进行测定。

（5）**试剂误差** 试剂误差来源于所使用的试剂或实验用水不纯。在实验中，严格按方法所要求的试剂、用水级别选用，以消除由此产生的误差。

1.5.2.2 随机误差

随机误差的定义是：由随机的偶然因素造成的误差。在实际相同的条件下，对同一量进行多次测定时，单次测定值与平均值之间的差异的绝对值和符号无法预计的误差。这种误差是由测定过程中各种随机因素的共同影响造成的。在一次测定中，随机误差的大小及正负是无法预计的，没有任何规律性。因此，随机误差也有不定误差之说。在多次测定中，随机误差的出现具有统计规律性，即随机误差有大有小，有正有负；绝对值小的误差比绝对值大的误差出现的次数多；在一定的条件下得到的有限个测定值中，其误差的绝对值不会超过一定的界限；在测定的次数足够多时，绝对值相近的正误差与负误差出现的次数大致相等，此时正负误差相互抵消，随机误差的绝对值趋向于零。分析工作者在用平均值报告分析结果时，正是运用了这一概率定律，在排除了系统误差的情况下，用增加测定次数的办法，使平均值成为与真实性较吻合的估计值。

1.5.2.3 过失误差

过失误差也称粗差。这类误差明显歪曲测定结果，是由测定过程中犯了不应有的错误造成的。例如，标准溶液超过保存期，浓度或价态已经发生变化却仍在使用；器皿不清洁，不严格按照分析步骤或不准确地按分析方法进行操作；弄错试剂或吸管；试剂加入过量或不足；操作过程中试样受到大量损失或污染；仪器出现异常未被发现；读数记录及计算错误等，都会产生误差，过失误差无一定规律可循，这些误差基本上是可以避免的。消除过失误差的关键在于分析人员必须养成专心、认真和细致的良好工作习惯，不断提高理论和操作技术水平。

1.5.3 有效数字

在水环境化学实验中，需要准确测定各种数据，并正确地记录和计算，才能获得准确的测定结果。分析结果的数值不仅表示试样中被测组分含量的多少，而且还反映了测定的准确程度。所以，记录数据和计算结果保留几位有效数字是非常重要的。

1.5.3.1 有效数字的定义

有效数字是指在具体工作中实际能测量的数字。从仪器上直接测得的数字位数（包括最后一位可疑数字），叫作有效数字。其位数表达了与测量精度相一致的测量结果，既表示了数字的大小，也反映了测量的准确程度。有效数字保留的位数，通常按照仪器精度和分析方法确定。

1.5.3.2 有效数字位数的确定

确定有效数字位数时，需要注意以下几点。

① 有效数字"0"的意义。一种是在数字前面，只表示小数点的位置（仅起定位作用）；另一种是在数字的中间或是末端，则表示一定的数值，应包括在有效数字的位数中。例如：

数值	1.2	1.20	1.200
有效数字位数	2位	3位	4位

② 采用科学计数法，"10"不包括在有效数字中。对于特别小和特别大的数字，通常采用科学计数法更为简便合理。例如，像2000这样的数字，有效数字位数比较模糊，一般看成4位有效数字，但它有可能是2位或3位有效数字，遇到这种情况，

应该根据实际的有效数字位数来书写：2.0×10^3（2 位有效数字），2.00×10^3（3 位有效数字），2.000×10^3（4 位有效数字）。

③ 记录和计算结果所得的数值，均只能保留一位可疑数字。由于测量仪器不同，测量误差可能不同，因此，应根据具体实验情况，正确记录测量数据。总而言之，测量结果所记录的数字，应与所有仪器测量的准确度相适应。

1.5.3.3　有效数字的运算

① 数字修约规则。各种测量、计算的数据需要修约时，应遵守下列规则：四舍六入五考虑，五后非零则进一，五后皆零视奇偶，五前为偶应舍去，五前为奇则进一。

② 加减法运算中，计算结果保留的小数点后的位数，应与各个加减数值中的小数点后位数最少者相同。

③ 在乘除运算中，计算结果的有效数字位数应与各数值中最少的有效数字的位数相同，与小数点后的位数无关。

1.5.4　提高分析结果准确度的方法

要提高分析结果的准确度，必须考虑在分析过程中可能会产生误差的各种因素，采取有效措施，将这些误差减少到最小。

1.5.4.1　提高实验人员的专业素质和技术水平

这是确保实验顺利进行，并获得客观、准确结果的前提。

1.5.4.2　构建良好的实验环境

实验环境的好坏也是影响分析结果准确度的主要因素，良好的实验环境是指实验室空气清洁、无明显的机械振动、较恒定的温度和照明、稳定电源水源和小的噪声。

1.5.4.3　选择适当的分析方法

各种分析方法的准确度是不同的。化学分析法对高含量组分的测定能获得准确和较满意的结果，相对误差一般在千分之几。而对低含量组分的测定，化学分析法就达不到这个要求。仪器分析法与化学分析法相比，虽然误差较大，但是由于其灵敏度高，可以测定低含量组分。在选择一个适当的方法后，每个分析者都要进行精密度和准确度的测定，并建立控制图进行系统的经常性核对，以保证分析结果的可重复性。对分析方法的选择应注意，方法必须能够达到要求的检出限；样品存在正常干扰时，所选方法对被测组分要有较好的精密度和准确度；所选的方法操作应简便、快速，能应用于大批样品检验。

① 根据试样中待测组分的含量选择分析方法，高含量组分用滴定分析或重量分析法；低含量用仪器分析法。

② 充分考虑试样中共存组分对测定的干扰，采用适当的掩蔽或分离方法。

③ 对于痕量组分，如分析方法的灵敏度无法满足分析要求，可先定量富集然后

再进行测定。

1.5.4.4　减小测量的相对误差

例如分析天平的称量误差为±0.0002g，为了使测量时的相对误差在0.1%以下，试样质量必须在0.2g以上。

滴定分析中，滴定管读数常有±0.01mL的误差，为使测量时的相对误差小于0.1%，消耗滴定剂的体积必须在20mL以上，最好是在20mL左右。

1.5.4.5　适当增加平行测定次数，减小随机误差

如前所述，增加平行测定次数可以减少随机误差。在一般分析工作中，测定次数为2～4次。如果没有意外误差发生，基本上可以得到比较准确的分析结果。

1.5.4.6　检验和消除系统误差

消除测定中的系统误差可采取以下措施：

① 做空白实验，即在不加试样的情况下，按试样分析规程在同样操作条件下进行的分析，所得结果的数值称为空白值。从试样结果中扣除空白值就得到比较可靠的分析结果。

② 注意校正仪器或量具，如分析天平的砝码、滴定管、移液管、容量瓶、刻度吸管、比色管等。都应定期进行校正，以消除仪器不准所引起的系统误差。

③ 做对照实验，对照实验就是用同样的分析方法在同样的条件下，用标样代替试样进行的平行测定。将对照的测定结果与标样的已知含量相比，其比值称为校正系数。

第2章
水质样品的采集

　　野外现场调查研究是区域水环境化学调查研究中最重要和最基本的工作。现场调查研究的目的在于查明该水域水质现状，结合历史资料分析，探明该区域水环境化学状况的演变特征。

　　野外现场调查研究的内容按研究目的和研究特点而定。在野外现场调查研究中，科学地确定采样点最为重要，即采样点必须足够多且有代表性。样品的采集与保存、分析测试以及测试结果的分析都是野外现场调查研究的组成部分。这里重点阐述采样点的布设准则和样品的采集方法。

2.1　水样类型

　　水样是指为检验水体中各种规定的特征，连续或不连续地从特定的水体中取出的有代表性的一部分。《水质　采样技术指导》（HJ 494—2009）中规定了水样的类型，主要包括瞬时水样、周期水样（不连续水样）、连续水样、混合水样、综合水样及平均污水样等。

2.1.1　瞬时水样

　　瞬时水样是指在某一时间和地点从水体中随机采集的分散水样。当水体水质稳定，或其组分在相当长的时间或相当大的空间范围内变化不大的时候，瞬时水样具有很好的代表性；当水体组分及含量随时间和空间变化时，就应隔时、多点采集瞬时水样，分别进行分析，掌握水质的变化规律。

2.1.2 周期水样（不连续水样）

（1）**在固定时间间隔下采集周期样品（取决于时间）** 通过定时装置在规定的时间间隔下自动开始和停止采集样品。通常在固定的期间内抽取样品，将一定体积的样品注入一个或多个容器中。人工采集样品时，按上述要求采集周期样品。采样时间间隔的大小取决于待测参数。

（2）**在固定排放量间隔下采集周期样品（取决于体积）** 当水质参数发生变化时，采样方式不受排放流速的影响，此种样品归于流量比例样品。例如，液体流量的单位体积（如 10000L），所取样品量是固定的，与时间无关。

（3）**在固定排放量间隔下采集周期样品（取决于流量）** 当水质参数发生变化时，采样方式不受排放流速的影响，水样可用此方法采集。在固定时间间隔下，抽取不同体积的水样，所采集的体积取决于流量。

2.1.3 连续水样

（1）**在固定流速下采集连续样品（取决于时间或时间平均值）** 在固定流速下采集的连续样品，可测得采样期间存在的全部组分，但不能提供采样期间各参数浓度的变化。

（2）**在可变流速下采集的连续样品（取决于流量或与流量成比例）** 采集流量比例样品代表水的整体质量。即便流量和组分都在变化，而流量比例样品同样可以揭示利用瞬时样品所观察不到的这些变化。因此，对于流速和待测污染物浓度都有明显变化的流动水，采集流量比例样品是一种精确的采样方法。

2.1.4 混合水样

混合水样是指在同一采样点于不同时间所采集的瞬时水样的混合水样，有时称"时间混合水样"，以区别于其他混合水样。这种水样在观察平均浓度时非常有用，但不适用于被测组分在贮存过程中发生明显变化的水样。

2.1.5 综合水样

把不同采样点同时采集的各个瞬时水样混合后所得到的样品称综合水样。这种水样在某些情况下更具有实际意义。例如，当为几条废水河、渠建立综合处理厂时，以综合水样取得的水质参数作为设计的依据更为合理。

2.1.6 平均污水样

对于排放污水的企业而言，生产的周期性影响着排污的规律性。为了得到代表性的污水样（往往需要得到平均浓度），应根据排污情况进行周期性采样。不同的工厂、车间生产周期不同，排污的周期性差别也很大。一般应在一个或几个生产或排放周期内，按一定的时间间隔分别采样。对于性质稳定的污染物，可将分别采集的样品进行混合后一次测定；对于不稳定的污染物可在分别采样、分别测定后取其平均值为代表。

生产的周期性也影响污水的排放量，在排放流量不稳定的情况下，可将一个排污口不同时间的污水样，按照流量的大小，按比例混合，得到平均比例混合的污水样。这是获得平均浓度最常采用的方法，有时需将几个排污口的水样按比例混合，用以代表瞬时综合排污浓度。

在污染源监测中，随污水流动的悬浮物或固体微粒，应看成是污水样的一个组成部分，不应在分析前滤除。油、有机物和金属离子等，可能被悬浮物吸附，有的悬浮物中就含有被测定的物质，如选矿、冶炼废水中的重金属。所以，分析前必须摇匀取样。

2.2 采样的前期装备和要求

2.2.1 容器和采样器

采样前，要根据监测项目的性质和采样方法的要求，选择适宜材质的储样容器和采样器，并清洗干净。高压低密度聚乙烯塑料容器用于测定金属及其他无机物的监测项目，玻璃容器用于测定有机物和生物等的监测项目。对采样器具的材质要求化学性能稳定，大小和形状适宜，不吸附待测组分，容易清洗并可反复使用。

2.2.1.1 储样容器材质的选择与使用要求

① 容器材质的化学稳定性要好，不会溶出待测组分，且在储存期内不会与水样发生物理化学反应。

② 对光敏性组分，应具有遮光作用。

③ 用于微生物检验用的容器能耐受高温灭菌。

④ 测定有机及生物项目的储样容器应选用硬质（硼硅）玻璃容器。

⑤ 测定金属、放射性及其他无机项目的储样容器可选用高密度聚乙烯或硬质（硼硅）玻璃容器。

⑥ 测定溶解氧及生化需氧量（BOD）应使用专用储样容器。

⑦ 容器在使用前应根据监测项目和分析方法的要求，采用相应的洗涤方法洗涤。

2.2.1.2 采样器类型及适用条件

采集水样时，应根据当地实际情况，选用合适类型的水质采样器。

采样器应有足够强度，且使用灵活、方便可靠，与水样接触部分应采用惰性材料（如不锈钢、聚四氟乙烯等）制成。采样器在使用前，应先用洗涤剂洗去油污，用自来水冲净，再用10%（质量分数）盐酸洗刷，自来水冲净后备用。

（1）**表层水采样器** 采集表层水时，可用桶、瓶等容器直接采取。一般将其沉至水面下 0.3~0.5m 处采集。

（2）**直立式采样器** 适用于水流平缓的河流、湖泊（水库）的水样采集。采集深层水时，可使用如图 2-1 所示的带重锤的采样器沉入水中采集。将采样容器沉降至所需深度（可从绳上的标度看出），上提细绳打开瓶塞，待水样充满容器后提出。

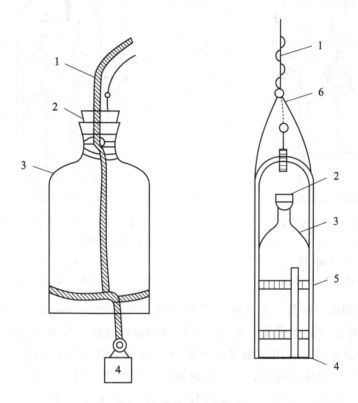

图 2-1　带重锤的采样器
1—绳子；2—带有软绳的橡胶塞；3—采样瓶；4—铅锤；5—铁管；6—挂钩

（3）**急流采样器** 对于水流急的河段，宜采用急流采样器（图 2-2）。它是将一根长钢管固定在铁框上，管内装一根橡胶管，其上部用夹子夹紧，下部与瓶塞上的短玻璃管相连，瓶塞上另有一长玻璃管通至采样瓶底部。采样前塞紧橡胶塞，然后沿船身垂直伸入要求的水深处，打开上部橡胶管夹，水样即沿长玻璃管流入样品瓶中，瓶内空气由短玻璃管沿橡胶管排出。这样采集的水样也可用于测定水中溶解性气体，因为它是与空气隔绝的。采集急流水样时也常常将采样器与适当重量的铅鱼与绞车配合使用。

（4）**双瓶采样器** 测定溶解气体（如溶解氧）的水样，常用双瓶采样器采集（图 2-3）。将采样器沉入要求的水深处后，打开上部的橡胶管夹，水样进入小瓶（采样瓶）并将空气驱入大瓶，从连接大瓶短玻璃管的橡胶管排出，直到大瓶中充满水样，提出水面后迅速密封。

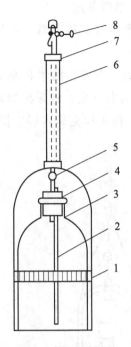

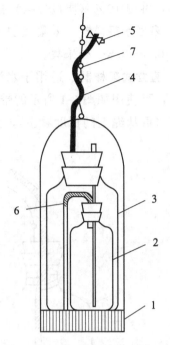

图 2-2　急流采样器

1—铁筐；2—长玻璃管；3—采样瓶；

4—橡胶塞；5—短玻璃管；6—钢管；

7—橡胶管；8—夹子

图 2-3　双瓶（溶解氧）采样器

1—带重锤的铁筐；2—小瓶；3—大瓶；

4—橡胶管；5—夹子；

6—塑料管；7—绳子

（5）**有机玻璃采样器**　由桶体、带轴的两个半圆上盖和活动底板等组成，主要用于水生生物水质样品的采集，也适用于除细菌指标与油类以外水质样品的采集。

（6）**自动采样器**　利用定时关启的电动采样泵抽取水样，或利用进水面与表层水面的水位差产生的压力采样，或可随流速变化自动按比例采样等。此类采样器适用于采集时间或空间混合积分样，但不适宜于油类、pH 值、溶解氧、电导率、水温等项目的测定。

2.2.2　交通工具

采样前还需准备好交通工具，最好有专用的监测船和采样船，若没有，可根据气体和气候选用适当吨位的船只。根据交通条件选用陆地交通工具。

2.3　样品采集

天然水（也兼及各种用水、废水）采集及检验的主要目的是测定其有关的物理、化学、生物和放射性参数。在表征水体、底部沉积物和污泥的质量时，应根据采样目标确定其采样地点、采样时机、采样频率、采样持续时间等，以保证水质采样的规范性。这里主要介绍了地表水、地下水、废水、降水以及底质（沉积物）样品的采集。

2.3.1 地表水采样

2.3.1.1 地表水采样点布设

（1）采样断面的设置原则

① 充分考虑研究区河段（地区）取水口、排污（退水）口数量和分布及污染物排放状况、水文及河道地形、支流汇入及水工程情况、植被与水土流失情况、其他影响水质及其均匀程度的因素等。

② 力求以较少的监测断面和监测点获取最具代表性的样品，全面、真实、客观地反映该区域水环境质量及污染物的时空分布状况与特征。

③ 避开死水及回水区，选择河段顺直、河岸稳定、水流平缓、无急流湍滩且交通方便处。

④ 尽量与水文断面相结合，以减少工作量。

⑤ 断面位置确定后，应设置固定标志，不得任意变更；需变动时应报原批准单位同意。

（2）河流采样断面按下列方法与要求布设

① 城市或工业区河段，应布设对照断面、控制断面和消减断面。

② 污染严重的河段可根据排污口分布及排污状况，设置若干控制断面，控制的排污量不得小于本河段总量的80%。

③ 本河段内有较大支流汇入时，应在汇合点支流上游处，及充分混合后的干流下游处布设断面。

④ 出入境国际河流、重要省际河流等水环境敏感水域，在出入本行政区界处应布设断面。

⑤ 水质稳定或污染源对水体无明显影响的河段，可只设一个控制断面。

⑥ 河流或水系背景断面可设置在上游接近河流源头处，或未受人类活动明显影响的河段。

⑦ 水文地质或地球化学异常河段，应在上、下游分别设置断面。

⑧ 供水水源地、城市主要供水水源地上游1000m处、水生生物保护区以及水源型地方病发病区、水土流失严重区应布设断面。

⑨ 重要河流的入海口应布设断面。

⑩ 水网地区应按常年主导流向设置断面；有多个岔路时应设置在较大干流上，控制径流量不得少于总径流量的80%。

（3）潮汐河流采样断面布设另应遵守下列要求

① 设有防潮闸的河流，在闸的上、下游分别布设断面。

② 未设防潮闸的潮汐河流，在潮流界以上布设对照断面；潮流界超出本河段范围时，在本河段上游布设对照断面。

③ 在靠近入海口处布设消减断面；入海口在本河段之外时，设在本河段下游处。

④ 控制断面的布设应充分考虑涨潮、落潮水流变化。

（4） 湖泊（水库） 采样断面按以下要求设置

① 在湖泊（水库）主要出入口、中心区、滞流区、饮用水源地、鱼类产卵区和游览区等应设置断面。

② 主要排污口汇入处，视其污染物扩散情况在下游 $100\sim1000m$ 处设置 $1\sim5$ 条断面或半断面。

③ 峡谷型水库，应在水库上游、中游、近坝区及库层与主要库湾回水区布设采样断面。

④ 湖泊（水库）无明显功能分区，可采用网格法均匀布设，网格大小依湖、库面积而定。

⑤ 湖泊（水库）的采样断面应与断面附近水流方向垂直。

（5） 采样垂线和采样点布设

① 河流、湖泊（水库）的采样垂线布设方法与要求：河流（潮汐河段）采样垂线的布设应符合表 2-1 的规定。

湖泊（水库）采样垂线的布设，其主要出入口上、下游和主要排污口下游断面，采样垂线按表 2-1 规定布设；湖泊（水库）的中心，滞流区的各断面，可视湖泊（水库）大小水面宽窄，沿水流方向适当布设 $1\sim5$ 条采样垂线。

表 2-1　江河采样垂线布设

水面宽/m	采样垂线布设	岸边有污染带	相对范围
<50	1 条（中泓处）	如一边有污染带增设 1 条垂线	
≤50～<100	左、中、右 3 条	3 条	左、右设在距湿岸 5～10m 处
100～1000	左、中、右 3 条	5 条（增加岸边两条）	岸边垂线距湿岸边陲 5～10m 处
>1000	3～5 条	7 条	

② 河流、湖泊（水库）的采样点布设要求：河流采样垂线上采样点布设应符合表 2-2 规定，特殊情况可按河流水深和待测物分布均匀程度确定；湖泊（水库）采样垂线上采样点的布设要求与河流相同，但出现温度分层现象时，应分别在表温层、斜温层和亚温层布设采样点；水体封冻时，采样点应布设在冰下水深 $0.5m$ 处；水深小于 $0.5m$ 时，在 $1/2$ 水深处采样。

表 2-2　河流采样垂线上采样点布设

水深/m	采样点数	位置
<5	1	水面下 0.5m
5～10	2	水面下 0.5m，河底上 0.5m
>10	3	水面下 0.5m，1/2 水深，河底以上 0.5m

注：1. 不足 1m 时，取 1/2 水深。

2. 如沿垂线水质分布均匀，可减少中层采样点。

3. 潮汐河流应设置分层采样点。

2.3.1.2　地表水样采集技术要求

① 采样断面处必须要有明显的标志物，采样人员不得擅自改动采样位置。采样时应先使用 GPS 定位或固定标志物确定采样位置，以保证采样点位置的准确。

② 水温、pH 值、溶解氧、电导率、透明度、盐度等易变项目建议现场监测。

③ 对于河流断面，可以使用测距仪和测深计，测量河流的宽度和深度；对于湖库点位，可以使用测深计，测量湖库深度。然后，按照 HJ 91.9—2019 的要求，依据表 2-1、表 2-2 确定需要采集垂线数和垂线上的采样点数，分别采集水样。

④ 采样时，应采集天然状态下的水样，因此不可搅动水底的沉积物，避免影响样品的代表性。

⑤ 如果水样中含沉降性固体（如泥沙等），则应将所采水样摇匀后倒入筒形玻璃容器（如 1～2L 量筒）中，静置 30min 后，将不含沉降性固体但含有悬浮性固体的水样移入盛样容器并加入保存剂。注意：这里不包括测定水温、pH 值、溶解氧、电导率、总悬浮物和油类的水样。

⑥ 测定湖库水的化学需氧量、高锰酸盐指数、叶绿素 a、总氮、总磷等指标时，应将水样静置 30min 后，用吸管或虹吸方式移取水样，此时吸管进水尖嘴应插至水样表层 50mm 以下位置，然后再加入保存剂保存。

⑦ 对于测定五日生化需氧量的水样，应单独采样，且使用干燥的样品瓶。采样前，不用水样对样品瓶进行冲洗。将水样采集于棕色玻璃瓶中，水样必须注满，上部不留空间。

⑧ 对于测定硫化物的水样，也需单独采样，先加入适量乙酸锌-乙酸钠溶液，再采集水样至瓶颈时加入氢氧化钠溶液至刚有白色沉淀产生，加水样充满容器，瓶塞下不留空气。

⑨ 测定石油类的水样，应单独采样，且使用干燥的样品瓶。采样前，不用水样对样品瓶进行冲洗。采样前先破坏可能存在的油膜，在水面向下至 300mm 之间采集柱状水样，采集的水样全部用于测定。

⑩ 测定叶绿素 a 的水样，应单独采样，且使用干燥的样品瓶。采样前，不用水样对样品瓶进行冲洗。如果水样中含沉降性固体（如泥沙等），用铝箔避光沉降 30min，取上层水样转移至棕色硬质玻璃瓶。

⑪ 测定重金属铜、铅、锌、镉、入海控制断面监测项目铁和锰的水样，采集的水样不进行自然沉降，在现场立即（船只采样不具备过滤条件除外）用 0.45μm 的微孔滤膜过滤处理后采集。

⑫ 细菌类样品的采集要求：采集样品时，采样瓶不得用样品洗涤，采集样品于灭菌的采样瓶中。清洁水体的采样量不低于 400mL，其余水体采样量不低于 100mL。采集河流、湖库等地表水样品时，可握住瓶子下部直接将带塞采样瓶插入水中，约距水面 10～15cm 处，瓶口朝水流方向，拔瓶塞，使样品灌入瓶内然后盖上瓶塞，将采样瓶从水中取出。如果没有水流，可握住瓶子水平往前推。采样量一般为采样瓶容量的 80% 左右。样品采集完毕后，迅速扎上无菌包装纸。采集地表水、废水样品及一

定深度的样品时，也可使用灭菌过的专用采样装置采样。

⑬ 采集挥发性有机物样品时，不宜用水样进行荡洗，应使水样在样品瓶中溢流不留空间，取样时应尽量避免或减少样品在空气中暴露。所有样品均采集平行双样。

⑭ 用船只采样时，采样船应位于下游方向，逆流采样，避免搅动底部沉积物造成水样污染。采样人员应在船前部采样，尽量使采样器远离船体。

⑮ 在同一采样点上分层采样时，应自上而下进行，避免不同层次水体混扰。

⑯ 测溶解氧、五日生化需氧量和有机污染物等项目时，水样必须注满容器，避免水样曝气或有气泡存在于瓶中。

⑰ 测定油类、五日生化需氧量、溶解氧、硫化物、余氯、粪大肠菌群、悬浮物、放射性等项目要单独采样。同一采样点，优先采集细菌监测项目水样。

⑱ 现场测定湖库水体的 pH 值、溶解氧时，应记录测定水体的深度、测定时间、水温和天气情况等，以便解释可能出现的 pH 值、溶解氧异常情况。

⑲ 受潮汐影响的监测断面采集涨平潮位和退平潮位的水样。为保证采样安全，一般应根据潮汐变化，选择日间涨退潮时间完成采样。涨潮水样应在断面处水面涨平时采样，退潮水样应在水面退平时采样。

⑳ 每批水样，应选择部分项目加采现场空白样，与样品一起送实验室分析。

㉑ 采样时要认真填写"水质采样记录表"，用签字笔在现场记录，字迹端正、清晰，填写项目完整。

㉒ 采样结束前，应核对采样计划、记录与水样，如有错误或遗漏，应立即补采或重采。

㉓ 如采样现场水体很不均匀，无法采到有代表性的样品，则应详细记录不均匀的情况和实际采样情况，供使用该数据者参考。

2.3.1.3 流量的测量

在采集水样的同时，还需要测量水体的水位（m）、流速（m/s）、流量（m^3/s）等水文参数，因为在计算水体污染负荷是否超过环境容量、控制污染源排放量、评价污染控制效果等工作中，都必须知道相应水体的流量。

对于较大的河流，水文部门一般设有水文监测断面，应尽量利用其所测参数。下面介绍小河流、明渠和废水、污水流量的测量方法。

（1）流速仪法 对于水深大于 0.05m，流速大于 0.015m/s 的河、渠，可用流速仪测定水流速度，然后按式（2-1）计算流量

$$Q = \bar{v}S \tag{2-1}$$

式中　Q——水流量，m^3/s；

　　　$\bar{v}$——水流断面平均流速，m/s；

　　　S——水流断面面积，m^2。

目前流速仪有多种规格，如 LS45 型旋杯式浅水低流速仪，其测速范围为 0.015～0.5m/s，工作水深为 0.05～1.0m；XKC-3 型信控测流仪，其测速范围为 0.1～

4.0m/s，工作水深大于 0.1m 等。

（2）**浮标法** 浮标法是一种粗略测量流速的简易方法。测量时，选择一平直河段，测量该河段 2m 间距内水流横断面的面积，求出平均横断面面积。在上游投入浮标，测量浮标流经确定河段（L）所需时间，重复测量几次，求出所需时间的平均值（t），即可计算出流速（L/t），再按式(2-2) 计算流量

$$Q = 60 \overline{v} S \tag{2-2}$$

式中　Q——水流量，m^3/min；

　　　$\overline{v}$——水流平均流速，m/s，其值一般取 $0.7L/t$；

　　　S——水流平均横断面面积，m^2。

（3）**堰板法** 适用于不规则的污水沟、污水渠中水流量的测量。该方法是用三角形或矩形、梯形堰板拦住水流，形成溢流堰，测量堰板前后水头和水位，计算流量。

图 2-4 为用三角堰法测量流量的示意图，流量计算式如下

$$Q = K h^{\frac{5}{2}} \tag{2-3}$$

其中

$$K = 1.354 + \frac{0.004}{h} + \left(0.14 + \frac{0.2}{\sqrt{D}}\right)\left(\frac{h}{B} - 0.09\right)^2 \tag{2-4}$$

式中　Q——水流量，m^3/s；

　　　h——过堰水头高度，m；

　　　K——流量系数；

　　　D——从水流底至堰缘的高度，m；

　　　B——堰上游水流宽度，m。

在下述条件下，式(2-3) 误差的绝对值小于 1.4%：$0.5m \leqslant B \leqslant 1.2m$；$0.1m \leqslant D \leqslant 0.75m$；$0.07m \leqslant h \leqslant 0.26m$。

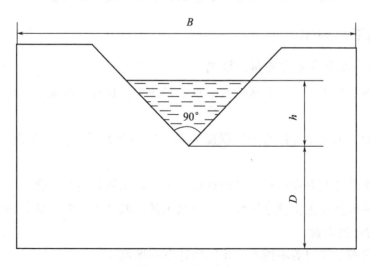

图 2-4　直角三角堰

（4）**其他方法** 用容积法测定污水流量也是一种简便方法。将污水导入已知容积的容器或污水池、污水箱中，测量流满时间，然后用受纳容器的体积除以该时间便可求知流量。

$$Q = \frac{V}{t} \tag{2-5}$$

式中　Q——水流量，m^3/s；

　　　V——一定时间内流入水槽或水池中的液体体积，m^3；

　　　t——测定时间，s。

目前市面上已有多种规格的污水流量计，测定流量简便、准确。例如，WML 型污水流量计的测量范围为 $1\sim6000m^3/h$；WMJ-Ⅱ型污水流量计测量范围为 $10\sim400m^3/h$ 等。此外，还可以用压差法、根据工业用水平衡计算法或排水管管径大小测量法估算污水流量。

除此之外，还可以按水泵特性曲线、用水设备的额定水量、类比法和替代法，以及理论或经验方法估算水流量。

2.3.1.4　安全保护

采样时要注意以下情况的安全：

① 在任何气候条件下，能方便到达采样地点非常重要，如果到达采样地点的安全得不到保证，即使该地点有意义，也应舍去。

② 当涉水进入河流中采样时，要考虑可能存在的软泥、流沙、深坑和急流所带来的危险。为了保证安全，涉水时要用测量杆或者类似的探测工具。当情况不明时，应把安全绳系在河岸的固定目标上。

③ 如果采样地点偏僻或邻近深水区域，一个人采样时，应使用救生圈、信号旗及联络装置等相应的安全措施。

④ 在许多河流的采样地点必须考虑细菌、病毒和动物的危害。

2.3.2　地下水采样

2.3.2.1　地下水采样井布设原则

① 需全面掌握采样点所在区域地下水水资源质量状况，对地下水污染进行监视、控制。

② 根据地下水类型分区与开采强度分区，以主要开采层为主布设，兼顾深层和自流地下水。

③ 地下水采样井布设应尽量与现有地下水水位观测井网相结合。

④ 采样井密度按主要供水区密，一般地区稀；城区密，农村稀；污染严重区密，非污染区稀的原则布设。

⑤ 采样井布设应覆盖不同水质特征的地下水区域。

⑥ 专用站按监测目的与要求布设。

2.3.2.2 地下水采样井布设方法与要求

在布设地下水采样井之前，应收集本地区有关资料，包括区域自然水文地质单元特征、地下水补给条件、地下水流向及开发利用、污染源及污水排放特征、城镇及工业区分布、土地利用与水利工程状况等。

在下列地区应布设采样井：

① 以地下水为主要供水水源的地区。

② 饮水型地方病（如高氟病）高发地区。

③ 污水灌溉区，垃圾堆积处理场地区及地下水回灌区。

④ 污染严重区域。

平原（含盆地）地区地下水采样井布设密度一般为1眼/200km²，重要水源地或污染严重地区可适当加密；沙漠区、山丘区、岩溶山区等可根据需要，选择典型代表区布设采样井。

采样井布设方法与要求如下：

① 一般水资源质量监测及污染控制井根据区域水文地质单元状况，视地下水主要补给来源，可在垂直于地下水流的方向上，设置一个至数个背景值监测井。

② 根据本地区地下水流向及污染源分布状况，采用网格法或放射法布设。

③ 根据表2-3中产生地下水污染的活动类型与分布特征，采用网格法或放射法布设。

表 2-3　地下水污染来源与分布类型

产生地下水污染的活动类型		污染负荷的特征		
		分布类型	污染主要类型	污染指标
城市区	无下水设施的任意排污①	u/r P-D	n/f/o/s	NO_2^-，NH_4^+，Fc(s)
	河道渗漏①	u P-L	o/f/n/s	NO_3^-，NH_4^+，Fc(s)
	生活污水氧化塘渗漏①	u/r P	n/f/o/s	NO_3^-，DOC，Cl^-，Fc(s)
	生活污水直接排向地面①	u/r P-D	n/i/o/f/s	NO_3^-，Cl^-，DOC
	废弃物处置不当引起的渗漏	u/r P	o/i/h/s	NO_3^-，NH_4^+，DOC，Cl^-，B，VOC
	燃料储蓄罐泄漏	u/r P-D	o	HC，DOC
	高速公路旁的排水沟渗漏	u/r P-D	i/s/o	Cl^-，VOC
工业区	储罐或管道的渗漏②	u P-D	o/s/h	变化较广（HC，VOC，DOC）
	事故性泄漏	u P-D	o/s/h	变化较广（HC，VOC，DOC）
	废水处理池泄漏	u P	o/s/h/i	变化较广（VOC，DOC，Cl^-）
	废水的地面排放	u P-L	o/s/h/i	变化较广（DOC，Cl^-）
	排放排向入渗河流	u P-L	o/s/h/i	变化较广（DOC）
	残渣堆积场的下渗	u/r P	o/s/i/h	变化较广（DOC，VOC，Cl^-）
	排水沟的下渗	u/r P	o/s/h	变化较广（DOC，HC）
	大气降落物	u/r D	s/i/o	SO_4^{2-}

产生地下水污染的活动类型			污染负荷的特征		
			分布类型	污染主要类型	污染指标
农业污染区	土地耕植	使用农业化学品			
		并具有灌溉设施			
		使用垃圾/淤泥	r D	n/o/s	NO_3^-
		耕植	r D	n/o/i/s	NO_3^-,Cl^-
		用污水灌溉	r D	n/o/i/f/s	NO_3^-,Cl^-,Fc(s)
	家禽喂养污水等	排水氧化塘	r P	f/o/n	DOC,NO_3^-,Cl^-
		排向地面	r P-L	n/i/o/f	DOC,NO_3^-,Cl^-
		排入入渗河流	r P-L	o/n/f	DOC
采选矿区		污水直接排向地面	u/r P-D	h/i	变化较广
		污水/淤泥处理氧化塘下渗	u/r P	h/i	变化较广
		残渣堆积场的下渗	u/r P-D	h/i	变化较广

① 为可能包括有工业活动的成分。

② 为在非工业区也可能出现。

u/r 为城市/乡村；P、L、D 为点源、线源、扩散源；n 为营养性化合物；f 为粪病菌源；o 为微量有机物；s 为盐度；h 为重金属；i 为无机物；VOC 为择发性有机物；DOC 为可溶性有机碳；B 为苯；HC 为烃；Fc(s) 为大肠埃希菌（粪链球菌）。

多级深度井应沿不同深度布设数个采样点。

2.3.2.3 地下水样采集方法

从监测井中采集水样常利用抽水机设备。启动后，先放水数分钟，将积留在管道内的杂质及陈旧水排出，然后用采样容器接取水样。对于无抽水设备的水井，可选择适合的专用采水器采集水样。

对于自喷泉水，可在涌水口处直接采样。

对于自来水，也要先将水龙头完全打开，放水数分钟，排出管道中积存的死水后再采样。

地下水的水质比较稳定，一般采集瞬时水样，即有较好的代表性。

2.3.2.4 地下水样品采集技术要求

① 地下水水质监测通常采集瞬时水样。

② 对需测水位的井水，在采样前应先测地下水位。

③ 从井中采集水样，必须在充分抽汲后进行，抽汲水量不得少于井内水体积的 2 倍，采样深度应在地下水水面 0.5m 以下，以保证水样能代表地下水水质。

④ 对封闭的生产井可在抽水时从泵房出水管放水阀处采样，采样前应将抽水管中存水放净。

⑤ 对于自喷的泉水，可在涌口处出水水流的中心采样。采集不自喷泉水时，将停滞在抽水管的水抽汲出，新水更替之后，再进行采样。

⑥ 除五日生化需氧量、有机物和细菌类监测项目外，其他项目采样前，先用采样水荡洗采样器和水样容器 2～3 次。

⑦ 测定溶解氧、五日生化需氧量和挥发性、半挥发性有机污染物项目的水样，采样时水样必须注满容器，上部不留空隙。但对准备冷冻保存的样品则不能注满容器，否则冷冻之后，因水样体积膨胀使容器破裂。测定溶解氧的水样采集后应在现场固定，盖好瓶塞后需用水封口。

⑧ 测定五日生化需氧量、硫化物、石油类、重金属、细菌类、放射性等项目的水样应分别单独采样。存水放净。

⑨ 采集水样后，立即按要求加入保存剂，将水样容器瓶盖紧、密封、贴好标签，标签设计可以根据各站具体情况，一般应包括监测井号、采样日期和时间、监测项目、采样人等信息。

⑩ 采样结束前，应核对采样计划、采样记录与水样，如有错误或漏采，应立即重采或补采。

2.3.3 废水采样

2.3.3.1 废水样类型

（1）**瞬时废水样** 对于生产工艺连续、稳定的工厂，其所排放的废水中的污染组分及浓度通常变化不大，这种情况下。瞬时水样一般具有较好的代表性。而对于某些特殊情况，如废水中污染物质的平均浓度合格，但高峰排放浓度超标，这时可选择适当的间隔时间来采集瞬时水样，并分别测定，将结果绘制成浓度-时间关系曲线，以得出污染物质高峰排放时的浓度，同时也可计算出其平均浓度。

（2）**平均废水样** 针对某些工业废水的排放量和污染组分的浓度随时间起伏较大的情况，为使监测结果具有代表性，通常需要增大采样和测定频率，但这势必会增加工作量，此时比较好的办法就是采集平均混合水样或平均比例混合水样。平均混合水样指每隔相同时间采集等量废水样混合而成的水样，适用于废水流量比较稳定的情况；而平均比例混合水样是在废水流量不稳定的情况下，在不同时间依照流量大小按比例采集的混合水样。有时需要同时采集几个排污口的废水样，并按比例混合，其监测结果代表采样时的综合排放浓度。

2.3.3.2 废水采样方法

（1）**浅水采样** 可用容器直接采集，或用聚乙烯长柄塑料勺采集。

（2）**深层水采样** 可使用专制的深层采水器采集，也可将聚乙烯筒固定在重架上，沉入要求深度采集。

（3）**自动采样** 采用自动采样器或连续自动定时采样器采集。例如，自动分级采样式采水器，可在一个生产周期内，每隔一定时间将一定量的水样分别采集在不同的容器中；自动混合采样式采水器可定时连续地将定量水样或按流量比采集的水样汇集于一个容器内。

2.3.3.3 废水样品采集技术要求

① 采样前，必须了解与排放废水有关的生产和治理工艺流程、排放规律和治理措施，以便制定采样计划，判定存在的干扰因素和采取必要的预处理措施。

② 废水的采样，应特别注意样品的代表性。工业废水中一类污染物应在车间或车间处理设施排出口取样，二类污染物及其他有机项目在工厂总排放口取样。生活污水在污水进入管网前采样，医院污水在其排放口设采样点。采样点一经确定，不得随意更改。

③ 实际的采样位置应在采样断面的中心。当水深大于1m时，应在表层下1/4深度处采样；水深小于或等于1m时，在水深的1/2处采样。

④ 采样时应注意除去水面的杂物、垃圾等漂浮物。

⑤ 采集废水样品时，建议同时测定流量，作为确定混合样组成比例和排污量计算的依据。

⑥ 所采集的废水样主要是瞬时样和比例混合样。一些排污单位的生产工艺过程连续且稳定，瞬时样品具有较好的代表性，则可以用瞬时采样的方法。对有污水处理设备并正常运转或建有调节池的污染源，其废水为稳定排放的，监测时亦可采集瞬时废水样。对不稳定排放的废水，应分时间单元采样，组成混合样品进行分析。当废水流量变化小于20%，污染物浓度随时间变化较小时，按等时间间隔采集等体积水样混合。

⑦ 自动采样用自动采样器进行，有时间等比例采样和流量等比例采样。当污水排放量较稳定时，可采用时间等比例采样，否则必须采用流量等比例采样。

⑧ 受悬浮物影响较大的监测项目，自动采样时应在排污渠（道、沟）水面下5cm，距渠（道、沟）边和水路中心点的1/2处采样；手工采样与油类采样相同，应采集含悬浮物的均匀水样。

⑨ 污水的监测项目按照行业类型有不同要求。在分时间单元采集样品时，测定pH值、化学需氧量、五日生化需氧量、溶解氧、硫化物、油类、有机物、余氯、粪大肠菌群、悬浮物、放射性等项目的样品，不能混合，只能单独采样。

⑩ 对不同的监测项目应选用的容器材质、加入的保存剂及其用量与保存期、应采集的水样体积和容器的洗涤方法。

⑪ 废水样品的组成往往相当复杂，其稳定性通常比地表水更差，应设法尽快测定。

⑫ 用样品容器直接采样时，必须用水样冲洗三次后再行采样，特殊项目除外。但当水面有浮油时，采油的容器不能冲洗。

⑬ 在选用特殊的专用采样器（如油类采样器）时，应按照该采样器的使用方法采样。

⑭ 采样时应认真填写"采样记录表"，表中应有以下内容：污染源名称、监测目的、监测项目、采样点位、采样时间、样品编号、污水性质、污水流量、采样人姓名及其他有关事项等。

⑮ 有机物、细菌类等样品的采集要求及其他注意事项可参考地表水。

2.3.4 降水采样

① 准确地采集降水样品难度很大,在降水前,必须盖好采样器,只在降水实际出现之后才打开。每次降水取全过程水样(降水开始到结束)。采集样品时,应避开污沙源,采样器四周应无遮挡雨、雪的高大树木或建筑物,以便取得准确的结果。

② 采样器放置的相对高度应在1.2m以上。

③ 每次降雨(雪)开始,立即将备用的采样器放置在预定采样点的支架上,打开盖子开始采样,并记录开始采样时间。不得在降水前打开盖子采样,以防干沉降的影响。

④ 采集每次降水的全过程样(从降水开始至降水结束)。若一天中有几次降水过程,可合并为一个全过程样品测定。若遇连续几天降雨,可收集上午8:00至次日上午8:00的降水,即24小时降水样品作为一个样品进行测定。

⑤ 采集的样品应移入洁净干燥的聚乙烯塑料瓶中,密封保存。在样品瓶上贴上标签、编号,同时记录采样地点、日期、起止时间、降水量。

2.3.5 底质(沉积物)采样

水、底质和水生生物组成了一个完整的水环境体系。底质能记录给定水环境的污染历史,反映难降解物质的积累情况,以及水体污染的潜在危险。底质的性质对水质、水生生物有着明显的影响,是天然水是否被污染及污染程度的重要标志。所以,底质样品的采集监测也是水环境监测的重要组成部分。

① 底质监测断面的设置原则与水质监测断面相同,其位置应尽可能与水质监测断面相重合,以便于将沉积物的组成及物理化学性质与水质监测情况进行比较。

② 由于底质比较稳定,受水文、气象条件的影响较小,故采样频率远较水样低,一般情况下仅每年枯水期采样1次,必要时可在丰水期增采1次。

③ 底质样品采集量根据监测项目、目的而定,一般为1~2kg,如样品不易采集或测定项目较少时,可予以酌减。

④ 采集表层底质样品一般采用挖式(抓式)采样器或锥式采样器。前者适用于采样量较大的情况,后者适用于采样量少的情况。管式泥芯采样器用于采集柱状样品,以供监测底质中污染物质的垂直分布情况。如果水域水深小于3m,可将竹竿粗的一端削成尖头斜面,插入床底采样。当水深小于0.6m时,可用长柄塑料勺直接采集表层底质。

第3章
水质样品的保存和运输

各种水质的水样，如所采集的水样（瞬时样或混合样）能现场分析，必须在现场立即分析。对需要现场测试的项目，如 pH 值、电导率、温度、流量等应按表 3-1 进行记录，并妥善保管现场记录。

表 3-1　采样现场数据记录

项目名称：									
样品描述：									
采样地点	样品编号	采样日期	时间		pH 值	温度	其他参量		备注
			采样开始	采样结束					

采样人：　　　　　　交接人：　　　　　　复核人：　　　　　　审核人：

注：备注中应根据实际情况填写如下内容：水体类型、气象条件（气温、风向、风速、天气状态）、采样点周围环境状况、采样点经纬度、采样点水深、采样层次等。

若采集的水样不能立即在现场分析，必须送往实验室测试时，从采集到分析测定这段时间内，环境条件的改变，微生物新陈代谢活动和化学作用的影响，会引起水样某些物理参数及化学组分的变化。为将这些变化降低到最低程度，需要采取必要的保护措施，尽可能地缩短运输时间，尽快分析和测定。

3.1　水样的保存

各种水质的水样，从采集到分析这段时间内，由于物理的、化学的、生物的作用会发生不同程度的变化，这些变化使得进行分析时的样品已不再是采样时的样品，为了使这种变化降低到最小的程度，必须在采样时对样品加以保护。

3.1.1 水样变化的原因

（1）**物理作用** 光照、温度、静置或震动，敞露或密封等保存条件及容器材质都会影响水样的性质。如温度升高或强震动会使得一些物质如氧、氰化物及汞等挥发；长期静置会使 $Al(OH)_3$、$CaCO_3$、$Mg_3(PO_4)_2$ 等沉淀；某些容器的内壁能不可逆地吸附或吸收一些有机物或金属化合物等。

（2）**化学作用** 水样及水样各组分可能发生化学反应，从而改变某些组分的含量与性质。例如空气中的氧能使二价铁、硫化物等氧化，聚合物解聚，单体化合物聚合等。

（3）**生物作用** 细菌、藻类以及其他生物体的新陈代谢会消耗水样中的某些组分，产生一些新组分，改变一些组分的性质，生物作用会对样品中待测的一些项目如溶解氧、二氧化碳、含氮化合物、磷及硅等的含量及浓度产生影响。

3.1.2 贮水容器的选择

贮存水样的容器可能吸附欲测组分，或者污染水样，因此要选择性能稳定、杂质含量低的材料制作的容器。常用的容器材质有硼硅玻璃、石英、聚乙烯和聚四氟乙烯。其中，石英和聚四氟乙烯杂质含量少，但价格昂贵，一般常规监测中广泛使用聚乙烯和硼硅玻璃材质的容器。

① 最大限度地防止容器及瓶塞对样品的污染。一般的玻璃在贮存水样时可溶出钠、钙、镁、硅、硼等元素，在测定这些项目时应避免使用玻璃容器，以防止新的污染。一些有色瓶塞含有大量的重金属，在测定重金属含量时应避免使用有色瓶塞。

② 容器壁应易于清洗、处理，以减少如重金属或放射性类的微量元素对容器的表面污染。

③ 容器或容器塞的化学和生物性质应该是惰性的，以防止容器与样品组分发生反应。如测氟时，水样不能贮于玻璃瓶中，因为玻璃与氟化物发生反应。

④ 防止容器吸附或吸收待测组分，引起待测组分浓度的变化。微量金属易于受这些因素的影响，其他如清洁剂、杀虫剂、磷酸盐同样也受到影响。

⑤ 深色玻璃能降低光敏作用。

3.1.3 容器的准备

3.1.3.1 一般规则

所有的准备都应确保不发生正负干扰。

尽可能使用专用容器。如不能使用专用容器，那么最好准备一套容器进行特定污染物的测定，以减少交叉污染。同时应注意防止以前采集高浓度分析物的容器因洗涤不彻底污染随后采集的低浓度污染物的样品。

对于新容器，一般应先用洗涤剂清洗，再用纯水彻底清洗。但是，用于清洁的清洁剂和溶剂可能引起干扰，例如当分析富营养物质时，含磷酸盐的清洁剂的残渣造成的污染，会使分析结果偏高。如果使用，必须确保洗涤剂和溶剂的质量。如果测定硅、硼和表面活性剂，则不能使用洗涤剂。所用的洗涤剂类型和选用的容器材质要随待测组分来确定。测磷酸盐不能使用含磷洗涤剂；测硫酸盐或铬则不能用铬酸-硫酸洗液。测重金属的玻璃容器及聚乙烯容器通常用盐酸或硝酸（1mol/L）洗净并浸泡 1～2 天后用蒸馏水或去离子水冲洗。

3.1.3.2 清洁剂清洗塑料或玻璃容器的程序

① 用水和清洗剂的混合稀释溶液清洗容器和容器帽；

② 用实验室用水清洗两次；

③ 控干水并盖好容器帽。

3.1.3.3 溶剂洗涤玻璃容器的程序

① 用水和清洗剂的混合稀释溶液清洗容器和容器帽；

② 用自来水彻底清洗；

③ 用实验室用水清洗两次；

④ 用丙酮清洗并干燥；

⑤ 用与分析方法匹配的溶剂清洗并立即盖好容器帽。

3.1.3.4 酸洗玻璃或塑料容器的程序

① 用自来水和清洗剂的混合稀释溶液清洗容器和容器帽；

② 用自来水彻底清洗；

③ 用 10％硝酸溶液清洗；

④ 控干后，注满 10％硝酸溶液；

⑤ 密封，贮存至少 24h；

⑥ 用实验室用水清洗，并立即盖好容器帽。

3.1.3.5 用于测定农药、除草剂等样品容器的准备

因除聚四氟乙烯外的塑料容器会对分析产生明显的干扰，故一般使用棕色玻璃瓶。按一般规则清洗（即用水及洗涤剂—铬酸-硫酸洗液—蒸馏水，见 3.1.3.4）后，在烘箱内 180℃下烘干 4h。冷却后再用纯化过的己烷或石油醚冲洗数次。

3.1.3.6 用于微生物分析的样品容器的准备

用于微生物分析的容器及塞子、盖子应经高温灭菌，灭菌温度应确保在此温度下不释放或产生出任何能抑制生物活性、灭活或促进生物生长的化学物质。

玻璃容器，按一般清洗原则（见 3.1.3.3）洗涤，用硝酸浸泡再用蒸馏水冲洗以除去重金属或铬酸盐残留物。在灭菌前可在容器里加入硫代硫酸钠（$Na_2S_2O_3$）以除去余氯对细菌的抑制作用（以每 125mL 容器加入 0.1mL 的 10mg/L $Na_2S_2O_3$ 计量）。

3.1.4 容器的封存

对需要测定物理-化学分析物的样品，应使水样充满容器至溢流并密封保存，以减少因与空气中氧气、二氧化碳的反应干扰及样品运输途中的振荡干扰。但当样品需要被冷冻保存时，不应溢满封存。

3.1.5 贮存时间

对于不能及时运输或尽快分析的水样，则应根据不同监测项目的要求，采取适宜的保存方法。水样的运输时间，通常以 24h 作为最大允许时间；最长储放时间一般为：

清洁水样　　　　　72h；
轻污染水样　　　　48h；
严重污染水样　　　12h。

3.1.6 贮存方法

3.1.6.1 冷藏或冷冻法

冷藏或冷冻的作用是抑制微生物活动，减缓物理挥发和化学反应速率。在大多数情况下，从采集样品后到运输至实验室期间，在 $1\sim5℃$ 冷藏并暗处保存，对保存样品就足够了。但冷藏并不适用长期保存，尤其是对废水的保存时间更短。

20℃的冷冻温度一般能延长贮存期。但分析挥发性物质不适用冷冻程序。如果样品包含细胞、细菌或微藻类，在冷冻过程中，会破裂、损失细胞组分，也同样不适用冷冻。冷冻需要掌握冷冻和融化技术，以使样品在融化时能迅速、均匀地恢复其原始状态，用干冰快速冷冻是令人满意的方法。一般选用塑料容器，强烈推荐聚氯乙烯或聚乙烯等塑料容器。

3.1.6.2 加入化学试剂保存法

（1）**加入生物抑制剂**　如在测定氨氮、硝酸盐氮、化学需氧量的水样中加入 $HgCl_2$，可抑制生物的氧化还原作用；对测定酚的水样，用 H_3PO_4 调至 pH 值为 4 时，加入适量 $CuSO_4$，可抑制苯酚菌的分解活动。

（2）**调节 pH 值**　测定金属离子的水样常用 HNO_3 酸化至 pH 值为 $1\sim2$，既可防止重金属离子水解沉淀，又可避免金属被器壁吸附；测定氰化物或挥发性酚的水样，加入 NaOH 调至 pH 值为 12，使之生成稳定的酚盐等。

（3）**加入氧化剂或还原剂**　如测定汞的水样需加入 HNO_3（至 pH＜1）和 $K_2Cr_2O_7$（0.05％），使汞保持高价态；测定硫化物的水样，加入抗坏血酸，可以防止被氧化；测定溶解氧的水样则需加入少量硫酸锰和碘化钾固定溶解氧（还原）等。

应当注意，加入的保存剂不能干扰以后的测定；保存剂的纯度最好是优级纯的，还应做相应的空白实验，对测定结果进行校正。

总之，水样在贮存期内发生变化的程度主要取决于水的类型及水样的化学和生物学性质，也取决于保存条件、容器材质、运输及气候变化等因素。这些变化往往非常快。样品常在很短的时间里明显地发生变化，因此必须在一定情况下采取必要的保存措施，并尽快地进行分析。保存措施在降低变化的程度或减缓变化的速度方面是有作用的，但到目前为止所有的保存措施还不能完全抑制这些变化。而且对于不同类型的水，产生的保存效果也不同，饮用水很易贮存，因其对生物或化学的作用很不敏感，一般的保存措施对地面水和地下水可有效地贮存，但对废水则不同。废水性质或废水采样地点不同，其保存的效果也就不同，如采集自城市排水管网和污水处理厂的废水其保存效果不同，采集自生化处理厂的废水及未经处理的废水其保存效果也不同。

分析项目决定废水样品的保存时间，有的分析项目要求单独取样，有的分析项目要求在现场分析，有些项目的样品能保存较长时间。由于采样地点和样品成分的不同，迄今为止还没有找到适用于一切场合和情况的绝对准则。

3.1.7 常用水样保存技术

水样的储存期限与多种因素有关，如组分的稳定性、浓度、水样的污染程度等。在各种情况下，存储方法应与使用的分析技术相匹配，表 3-2～表 3-4 列出了我国《水质　样品的保存和管理技术规定》（HJ 493—2009）标准中建议的水样保存方法，其中规定了最通用的适用技术。

表 3-2　物理、化学及生化分析指标的保存技术

序号	测试项目/参数	采样容器	保存方法及保存剂用量	可保存时间	最少采样量/mL	容器洗涤方法	备注
1	pH	P 或 G		12h	250	I	尽量现场测定
2	色度	P 或 G		12h	250	I	尽量现场测定
3	浊度	P 或 G		12h	250	I	尽量现场测定
4	气味	G	1～5℃冷藏	6h	500		大量测定可带离现场
5	电导率	P 或 BG		12h	250	I	尽量现场测定
6	悬浮物	P 或 G	1～5℃暗处	14d	500	I	
7	酸度	P 或 G	1～5℃暗处	30d	500	I	
8	碱度	P 或 G	1～5℃暗处	12h	500	I	
9	二氧化碳	P 或 G	水样充满容器,低于取样温度	24h	500		最好现场测定
10	溶解性固体（干残渣）	见"总固体（总残渣）"					
11	总固体（总残渣,干残渣）	P 或 G	1～5℃冷藏	24h	100		

序号	测试项目/参数	采样容器	保存方法及保存剂用量	可保存时间	最少采样量/mL	容器洗涤方法	备注
12	化学需氧量	G	用 H_2SO_4 酸化,pH≤2	2d	500	I	
		P	−20℃冷冻	1个月	100		最长6个月
13	高锰酸盐指数	G	1~5℃暗处冷藏	2d	500	I	尽快分析
		P	−20℃冷冻	1个月	500		
14	五日生化需氧量	溶解氧瓶	1~5℃暗处冷藏	12h	250	I	冷冻最长可保持6个月(质量浓度小于50mg/L保存1个月)
		P	−20℃冷冻	1个月	1000		
15	总有机碳	G	用 H_2SO_4 酸化,pH≤2;1~5℃	7d	250	I	
		P	−20℃冷冻	1个月	100		
16	溶解氧	溶解氧瓶	加入硫酸锰,碱性KI叠氮化钠溶液,现场固定	24h	500	I	尽量现场测定
17	总磷	P或G	用 H_2SO_4 酸化,HCl酸化至pH≤2	24h	250	IV	
		P	−20℃冷冻	1个月	250		
18	溶解性正磷酸盐	见"溶解磷酸盐"					
19	总正磷酸盐	见"总磷"					
20	溶解磷酸盐	P或G或BG	1~5℃冷藏	1个月	250		采样时现场过滤
		P	−20℃冷冻	1个月	250		
21	氨氮	P或G	用 H_2SO_4 酸化,pH≤2	24h	250	I	
22	氨类(易释放、离子化)	P或G	用 H_2SO_4 酸化,pH 1~2;1~5℃	21d	500		保存前现场离心
		P	−20℃冷冻	1个月	500		
23	亚硝酸盐氮	P或G	1~5℃冷藏避光保存	24h	250	I	
24	硝酸盐氮	P或G	1~5℃冷藏	24h	250	I	
		P或G	用HCl酸化,pH 1~2	7d	250		
		P	−20℃冷冻	1个月	250		
25	凯氏氮	P或BG	用 H_2SO_4 酸化,pH 1~2,1~5℃避光	1个月	250		
		P	−20℃冷冻	1个月	250		
26	总氮	P或G	用 H_2SO_4 酸化,pH 1~2	7d	250	I	
		P	−20℃冷冻	1个月	500		

序号	测试项目/参数	采样容器	保存方法及保存剂用量	可保存时间	最少采样量/mL	容器洗涤方法	备注
27	硫化物	P 或 G	水样充满容器。1L 水样加 NaOH 至 pH9,加入 5% 抗坏血酸 5mL,饱和 EDTA 3mL,滴加饱和 Zn(Ac)₂ 至胶体产生,常温避光	24h	250	I	
28	硼	P	水样充满容器密封	1 个月	100		
29	总氰化物	P 或 G	加 NaOH 到 pH≥9,1～5℃冷藏	7d,如果硫化物存在,保存12h	250	I	
30	pH=6 时释放的氰化物	P	加 NaOH 到 pH>12;1～5℃暗处冷藏	24h	500		
31	易释放氰化物	P	加 NaOH 到 pH>12;1～5℃暗处冷藏	7d	500		24h(存在硫化物时)
32	F⁻	P	1～5℃,避光	14d	250	I	
33	Cl⁻	P 或 G	1～5℃,避光	30d	250	I	
34	Br⁻	P 或 G	1～5℃,避光	14h	250	I	
35	I⁻	P 或 G	NaOH,pH12	14h	250	I	
36	SO₄²⁻	P 或 G	1～5℃,避光	30d	250	I	
37	PO₄³⁻	P 或 G	NaOH,H₂SO₄ 调 pH=7,CHCl₃ 0.5%	7d	250	IV	
38	NO₂,NO₃	P 或 G	1～5℃冷藏	24h	500		保存前现场过滤
		P	−20℃冷冻	1 个月	500		
39	碘化物	G	1～5℃冷藏	1 个月	500		
40	溶解性硅酸盐	P	1～5℃冷藏	1 个月	200		现场过滤
41	总硅酸盐	P	1～5℃冷藏	1 个月	100		
42	硫酸盐	P 或 G	1～5℃冷藏	1 个月	200		
43	亚硫酸盐	P 或 G	水样充满容器。100mL 加 1mL 2.5% EDTA 溶液,现场固定	2d	500		
44	阳离子表面活性剂	G甲醇清洗	1～5℃冷藏	2d	500		不能用溶剂清洗
45	阴离子表面活性剂	P 或 G	1～5℃冷藏,用 H₂SO₄ 酸化,pH 为 1～2	2d	500	IV	不能用溶剂清洗

序号	测试项目/参数	采样容器	保存方法及保存剂用量	可保存时间	最少采样量/mL	容器洗涤方法	备注
46	非离子表面活性剂	G	水样充满容器。1～5℃冷藏,加入37％甲醛,使样品成为含1％的甲醛溶液	1个月	500		不能用溶剂清洗
47	溴酸盐	P或G	1～5℃	1个月	100		
48	溴化物	P或G	1～5℃	1个月	100		
49	残余溴	P或G	1～5℃避光	24h	500		最好在采集后5min内现场分析
50	氯胺	P或G	避光	5min	500		
51	氯酸盐	P或G	1～5℃冷藏	7d	500		
52	氯化物	P或G		1个月	100		
53	氯化溶剂	G,使用聚四氟乙烯瓶盖	水样充满容器。1～5℃冷藏,用HCl酸化,pH为1～2,如果样品加氯,250mL水样加20mg $Na_2S_2O_3 \cdot 5H_2O$	24h	250		
54	二氧化氯	P或G	避光	5min	500		最好在采集后5min内现场分析
55	余氯	P或G	避光	5min	500		最好在采集后5min内现场分析
56	亚氯酸盐	P或G	避光 1～5℃冷藏	5min	500		最好在采集后5min内现场分析
57	氟化物	P(聚四氟乙烯除外)		1个月	200		
58	铍	P或G	1L水样中加浓 HNO_3 10mL酸化	14d	250	酸洗Ⅲ	
59	硼	P	1L水样中加浓 HNO_3 10mL酸化	14d	250	酸洗Ⅰ	
60	钠	P	1L水样中加浓 HNO_3 10mL酸化	14d	250	Ⅱ	
61	镁	P G	1L水样中加浓 HNO_3 10mL酸化	14d	250	酸洗Ⅱ	
62	钾	P	1L水样中加浓 HNO_3 10mL酸化	14d	250	酸洗Ⅱ	
63	钙	P或G	1L水样中加浓 HNO_3 10mL酸化	14d	250	Ⅱ	
64	六价铬	P或G	NaOH,pH 8～9	14d	250	酸洗Ⅲ	

序号	测试项目/参数	采样容器	保存方法及保存剂用量	可保存时间	最少采样量/mL	容器洗涤方法	备注
65	铬	P或G	1L水样中加浓 HNO_3 10mL 酸化	1个月	100	酸洗	
66	锰	P或G	1L水样中加浓 HNO_3 10mL 酸化	14d	250	Ⅲ	
67	铁	P或G	1L水样中加浓 HNO_3 10mL 酸化	14d	250	Ⅲ	
68	镍	P或G	1L水样中加浓 HNO_3 10mL 酸化	14d	250	Ⅲ	
69	铜	P	1L水样中加浓 HNO_3 10mL 酸化	14d	250	Ⅲ	
70	锌	P	1L水样中加浓 HNO_3 10mL 酸化	14d	250	Ⅲ	
71	砷	P或G	1L水样中加浓 HNO_3 10mL (DDTC法,HCl 2mL)	14d	250	Ⅲ	使用氢化物技术分析砷用盐酸
72	硒	P或G	1L水样中加浓 HCl 2mL 酸化	14d	250	Ⅲ	
73	银	P或G	1L水样中加浓 HNO_3 2mL 酸化	14d	250	Ⅲ	
74	镉	P或G	1L水样中加浓 HNO_3 10mL 酸化	14d	250	Ⅲ	如用溶出伏安法测定,可改用 1L水样中加浓 $HClO_4$ 19mL
75	锑	P或G	HCl,0.2%(氢化物法)	14d	250	Ⅲ	
76	汞	P或G	HCl,1%,如水样为中性, 1L水样中加浓 HCl 10mL	14d	250	Ⅲ	
77	铅	P或G	HNO_3,1%,如水样为中性, 1L水样中加浓 HNO_3 10mL	14d	250	Ⅲ	如用溶出伏安法测定,可改用 1L水样中加浓 $HClO_4$ 19mL
78	铝	P或G或BG	用 HNO_3 酸化,pH为1~2	1个月	100	酸洗	
79	铀	酸洗P或酸洗BG	用 HNO_3 酸化,pH为1~2	1个月	200		
80	钒	酸洗P或酸洗BG	用 HNO_3 酸化,pH为1~2	1个月	100		
81	总硬度	见"钙"					
82	二价铁	P酸洗或BG酸洗	用 HCl 酸化,pH为1~2, 避免接触空气	7d	100		
83	总铁	P酸洗或BG酸洗	用 HNO_3 酸化,pH为1~2	1个月	100		

序号	测试项目/参数	采样容器	保存方法及保存剂用量	可保存时间	最少采样量/mL	容器洗涤方法	备注
84	锂	P	用 HNO_3 酸化,pH 为 1～2	1个月	100		
85	钴	P 或 G	用 HNO_3 酸化,pH 为 1～2	1个月	100	酸洗	
86	重金属化合物	P 或 BG	用 HNO_3 酸化,pH 为 1～2	1个月	500		最长 6 个月
87	石油及衍生物	见"碳氢化合物"					
88	油类	溶剂洗 G	用 HCl 酸化至 pH≤2	7d	250	Ⅱ	
89	酚类	G	1～5℃ 避光。用磷酸调至 pH≤2,加入抗坏血酸 0.01～0.02g 除去残余氯	24h	1000	Ⅰ	
90	苯酚指数	G	添加硫酸铜,磷酸酸化至 pH<4	21d	1000		
91	可吸附有机卤化物	P 或 G	水样充满容器。用 HNO_3 酸化,pH 为 1～2;1～5℃ 避光保存	5d	1000		
		P	−20℃ 冷冻	1个月	1000		
92	挥发性有机物	G	用 1+10 HCl 调至 pH≤2,加入抗坏血酸 0.01～0.02g 除去残余氯;1～5℃ 避光保存	12h	1000		
93	除草剂类	G	加入抗坏血酸 0.01～0.02g 除去残余氯;1～5℃ 避光保存	24h	1000	Ⅰ	
94	酸性除草剂	G(带聚四氟乙烯瓶塞或膜)	HCl,pH 为 1～2,1～5℃ 冷藏,如果样品加氯,1000mL 水样加 80mg $Na_2S_2O_3 \cdot 5H_2O$	14d	1000	萃取样品同时萃取采样容器	不能用水样冲洗采样容器,不能水样充满容器
95	邻苯二甲酸酯类	G	加入抗坏血酸 0.01～0.02g 除去残余氯;1～5℃ 避光保存	24h	1000	Ⅰ	
96	甲醛	G	加入 0.2～0.5g/L 硫代硫酸钠除去残余氯;1～5℃ 避光保存	24h	250	Ⅰ	
97	杀虫剂(包含有机氯、有机磷、有机氮)	G(溶剂洗,带聚四氟乙烯瓶盖)或 P(适用草甘膦)	1～5℃ 冷藏	萃取 5d	1000～3000		不能用水样冲洗采样容器,不能水样充满容器。萃取应在采样后 24h 内完成
98	氨基甲酸酯类杀虫剂	G 溶剂洗	1～5℃	14d	1000		如果样品被加氯,1000mL 水加 80mg $Na_2S_2O_3 \cdot 5H_2O$
		P	−20℃ 冷冻	1个月	1000		

序号	测试项目/参数	采样容器	保存方法及保存剂用量	可保存时间	最少采样量/mL	容器洗涤方法	备注
99	叶绿素	P 或 G	1～5℃冷藏	24h	1000		棕色采样瓶
		P	用乙醇过滤萃取后，－20℃冷冻	1 个月	1000		
		P	过滤后－80℃冷冻	1 个月	1000		
100	清洁剂		见"表面活性剂"				
101	肼	G	用 HCl 酸化到 pH＝1，避光	24h	500		
102	碳氢化合物	G 溶剂（如戊烷）萃取	用 HCl 或 H_2SO_4 酸化，pH 为 1～2	1 个月	1000		现场萃取不能用水样冲洗采样容器，不能水样充满容器
103	单环芳香烃	G（带聚四氟乙烯薄膜）	水样充满容器。用 H_2SO_4 酸化，pH 为 1～2 如果样品加氯，采样前 1000mL 样加 80mg $Na_2S_2O_3 \cdot 5H_2O$	7d	500		
104	有机氯		见"可吸附有机卤化物"				
105	有机金属化合物	G	1～5℃冷藏	7d	500		萃取应带离现场
106	多氯联苯	G 溶剂洗，带聚四氟乙烯瓶盖	1～5℃冷藏	7d	1000		尽可能现场萃取。不能用水样冲洗采样容器，如果样品加氯，采样前 1000mL 样加 80mg $Na_2S_2O_3 \cdot 5H_2O$
107	多环芳烃	G 溶剂洗，带聚四氟乙烯瓶盖	1～5℃冷藏	7d	500		尽可能现场萃取。如果样品加氯，采样前 1000mL 样加 80mg $Na_2S_2O_3 \cdot 5H_2O$
108	三卤甲烷类	G，带聚四氟乙烯薄膜的小瓶	1～5℃冷藏，水样充满容器	14d	100		如果样品加氯，采样前 100mL 样加 8mg $Na_2S_2O_3 \cdot 5H_2O$

注：1. P 为聚乙烯瓶（桶），G 为硬质玻璃瓶，BG 为硼硅酸盐玻璃瓶，表 3-3、表 3-4 同此。

2. d 表示天，h 表示小时，min 表示分。

3. Ⅰ、Ⅱ、Ⅲ、Ⅳ表示四种洗涤方法。如下：

Ⅰ：洗涤剂洗一次，自来水洗三次，蒸馏水洗一次。对于采集微生物和生物的采样容器，须经 160℃干热灭菌 2h。经灭菌的微生物和生物采样容器必须在两周内使用，否则应重新灭菌。经 121℃高压蒸汽灭菌 15min 的采样容器，如不立即使用，应于 60℃将瓶内冷凝水烘干，两周内使用。细菌检测项目采样时不能用水样冲洗采样容器，不能采混合水样，应单独采样 2h 后送实验室分析。

Ⅱ：洗涤剂洗一次，自来水洗二次，（1＋3）HNO_3 荡洗一次，自来水洗三次，蒸馏水洗一次。

Ⅲ：洗涤剂洗一次，自来水洗二次，（1＋3）HNO_3 荡洗一次，自来水洗三次，去离子水洗一次。

Ⅳ：铬酸洗液洗一次，自来水洗三次，蒸馏水洗一次。如果采集污水样品可省去用蒸馏水、去离子水清洗的步骤。

表 3-3　生物、微生物指标的保存技术

待测项目	采样容器	保存方法及保存剂用量	最少采样量/mL	可保存时间	容器洗涤方法	备注
一、微生物分析						
细菌总数大肠菌总数粪大肠菌粪链球菌沙门氏菌志贺氏菌等	灭菌容器G	1~5℃冷藏		尽快(地表水、污水及饮用水)		取氯化或溴化过的水样时,所用的样品瓶消毒之前,按每 125mL 加入 0.1mL 10%(质量分数)的硫代硫酸钠以消除氯或溴对细菌的抑制作用对重金属含量高于0.01 的水样,应在容器消毒之前,按每 125mL 容积加入0.3mL 的 15%(质量分数)的 EDTA
二、生物学分析(本表所列的生物分析项目,不可能包括所有的生物分析项目,仅仅是研究工作所常涉及的动植物种群)						
鉴定和计数						
底栖无脊椎动物类——大样品	P 或 G	加入 70%乙醇	1000	1 年		样品中的水应先倒出以达到最大的防腐剂的浓度
	P 或 G	加入 37%甲醛(用硼酸钠或四氯六甲圜调节至中性)用100g/L 福尔马林溶液稀释到 3.7%(相应的 1%~10%的福尔马林稀释液)	1000	3 个月		
底栖无脊椎动物类——小样品(如参考样品)	G	加入防腐溶液,含70%乙醇、37%甲醛和甘油(比例是100:2:1)	100	不确定		对无脊椎群,如扁形动物,须用特殊方法,以防止被破坏
藻类	G 或 P盖紧瓶盖	每 200 份,加入0.5~1 份卢格氏溶液,1~5℃暗处冷藏	200	6 个月		碱性卢格氏溶液适用于新鲜水,酸性卢格氏溶液适用于带鞭毛虫的海水。如果褪色,应加入更多的卢格氏溶液
浮游植物	G	见"海藻"	200	6 个月		暗处
浮游动物	P 或 G	加入 37%甲醛(用硼酸钠调节至中性)稀释至 3.7%,海藻加卢格氏溶液	200	1 年		如果褪色,应加入更多的卢格氏溶液

待测项目	采样容器	保存方法及保存剂用量	最少采样量/mL	可保存时间	容器洗涤方法	备注
湿重和干重						
底栖大型无脊椎动物 大型植物 藻类 浮游植物 浮游动物 鱼	P或G	1~5℃冷藏	1000	24h		不要冷冻到-20℃,尽快分析,不得超过24h
	P或G	加入37%甲醛(用硼酸钠或四氮六甲圜调节至中性)用100g/L福尔马林溶液稀释到3.7%(相应的1%~10%的福尔马林稀释液)	1000	3个月		水生附着生物和浮游植物的干重、湿重测量通常以计数和鉴定环节测量的细胞体积为基础
灰分重量						
底栖大型无脊椎动物 大型植物 藻类 浮游植物	P或G	加入37%甲醛(用硼酸钠或四氮六甲圜调节至中性)用100g/L福尔马林溶液稀释到3.7%(相应的1%~10%的福尔马林稀释液)	1000	3个月		水生附着生物和浮游植物的干重、湿重测量通常以计数和鉴定环节测量的细胞体积为基础
干重和灰分重量						
浮游动物		玻璃纤维滤器过滤并-20℃冷冻	200	6个月		
毒性试验						
	P或G	1~5℃冷藏	1000	24h		保存期随所用分析方法不同
	P	-20℃冷冻	1000	2周		

表 3-4 放射学分析的保存技术

待测项目	采样容器	保存方法及保存剂用量	最少采样量/mL	可保存时间	备注
a 放射性	P	用 HNO_3 酸化,pH 为 1~2	2000	1个月	如果样品已蒸发,不酸化
	P	1~5℃暗处冷藏	2000	1个月	
b 放射性（放射碘除外）	P	用 HNO_3 酸化,pH 为 1~2	2000	1个月	如果样品已蒸发,不酸化
	P		2000	1个月	
g 放射性	P		5000	2d	
放射碘	P		3000	2d	1L 水样加入 2~4mL 次氯酸钠溶液(10%),确保过量氯

待测项目	采样容器	保存方法及保存剂用量	最少采样量/mL	可保存时间	备注
氢 同位素 镭 （氢生长测定法）	BG		2000	2d	最少 4 周
其他方法镭	P		2000	2 个月	最少 4 周
			2000	2 个月	
放射性锶	P		1000	1 个月	最少 2 周
放射性铯	P		5000	2d	
含氚水	P		250	2 个月	样品需分析前蒸馏
铀	P		2000	1 个月	
			2000	1 个月	
钚	P		2000	1 个月	
			2000	1 个月	

上述表格列出的是有关水样保存技术的要求。样品的保存时间，容器材质的选择以及保存措施的应用都要取决于样品中的组分及样品的性质，而现实中的水样又是千差万别的，因此表 3-2 所列的要求不可能是绝对的准则。每位分析者都应结合具体工作验证这些要求是否适用，在制定分析方法标准时也应明确指出样品采集和保存的方法。

此外，如果要采用的分析方法和使用的保存剂及容器之间有不相容的情况。则常需从同一水体中取数个样品，按几种保存措施分别进行分析以找出最适宜的容器和保存方法。

表 3-2～表 3-4 内容只是保存样品的一般要求。由于天然水和废水的性质复杂，在分析之前，需要验证一下按照上述方法处理过的每种类型样品的稳定性。

3.2 水样的运输

水样采集后必须立即送回实验室，根据采样点的地理位置和每个项目分析前最长可保存时间，选用适当的运输方式，在现场工作开始之前，就要安排好水样的运输工作，以防延误。在运输过程中，应注意以下几点。

3.2.1 样品标记及密封

对采集的每一个水样，都应做好记录，并在采样瓶上贴好标签，内容有采样点位唯一性编号、采样目的、采样日期和时间、测定项目、监测点数目、位置、采样人员、保存方法、保存剂的加入量等。除了防震、避免日光照射和低温运输外，还要防止新的污染物进入容器和污染瓶口使水样变质，要塞紧采样容器器口塞子，必要时用封口胶、石蜡封口（测油类的水样不能用石蜡封口）。标签应用不褪色的墨水填写，并牢固地粘贴于盛装水样的容器外壁上。对于未知的特殊水样以及危险或潜在危险物质如酸，应用记号标出，并将现场水样情况作详细描述。

3.2.2 防震防破损

为避免水样在运输过程中因震动、碰撞导致损失或污染，最好将样瓶装箱，并用泡沫塑料或纸条挤紧。同一采样点的样品应装在同一包装箱内，如需分装在两个或几个箱子中时，则需在每个箱内放入相同的现场采样记录表。运输前应检查现场采样记录表上的所有水样是否全部装箱。要用醒目色彩在包装箱顶部和侧面标上"切勿倒置"的标记。

3.2.3 冷藏要求

需冷藏的样品，应配备专门的隔热容器，放入制冷剂，将样品瓶置于其中。

3.2.4 保温

冬季应采取保温措施，以免冻裂样品瓶。

3.2.5 押运转交

在水样运送过程中，应有押运人员，每个水样都要附有一张管理程序管理卡。在转交水样时，转交人和接受人都必须清点和检查水样并在登记卡上签字，注明日期和时间。

3.2.6 超出保质期

在运输途中如果水样超过了保质期，管理员应对水样进行检查。如果决定仍然进行分析，那么在出报告时，应明确标出采样和分析时间。

第4章

天然水水质标准

4.1 水质指标

各种天然水系是工农业和生活用水的水源，还能借以发电和航运等。作为一种资源，水质、水量和水能是衡量水资源可利用价值的三个重要指标，而与水环境污染密切相关的则是水质指标。天然水体一般兼作汲取用水的水源和收纳废水的对象，因水源地经常受到污染，而废水排放前一般都需经过处理，所以用水和排水两者在水质方面有接近的趋势，存在着一些共同的水质指标。

所谓水质指标，指的是水样中除水分子外所含杂质的种类和数量（或浓度）。显然，天然水在环境中迁移或加工、使用过程中都会发生水质变化。从应用角度看问题，水质只具有相对意义。例如经二重蒸馏处理后所得纯水只是在精密化学实验室中才称得上是优质水。相反，对饮用水则要求其中含有一定数量的杂质（含相当数量溶解态二氧化碳，适量钙、镁和微量铁、锰及某些有机物质等）。天然水（也兼及各种用水、废水）的水质指标，可分为物理、化学、生物、放射性四类。有些指标可直接用某一种杂质的浓度来表示其含量；有些指标则是利用某一类杂质的共同特性来间接反映其含量，如有机物质可用需氧量（化学需氧量、生物化学需氧量、总需氧量）作为综合指标（也被称为非专一性指标）。常用的水质指标有数十项，现将有关这些指标的意义列举如下。

4.1.1 物理指标

温度　　　影响水的其他物理性质和生物、化学过程。

臭和味　　感官性指标，可借以判断某些杂质或有害成分是否存在。

颜色　　　感官性指标，水中悬浮物、胶体或溶解类物质均可生色。

浊度	由水中悬浮物或胶体状颗粒物质引起
透明度	与浊度意义相反，但两者同是反映水中杂质对透过光的阻碍程度
悬浮物	一般表征水体中不溶性杂质的量

4.1.2 化学指标

4.1.2.1 非专一性指标

电导率	表示水样中可溶性电解质总量
pH 值	水样酸碱性
硬度	由可溶性钙盐和镁盐组成，引起用水管路中发生沉积和结垢
碱度	一般来源于水样中 OH^-、CO_3^{2-}、HCO_3^- 等离子，关系到水中许多化学过程
无机酸度	源于工业酸性废水或矿井排水，有腐蚀作用

4.1.2.2 无机物指标

铁	在不同条件下可呈 Fe^{2+} 或胶粒 $Fe(OH)_3$ 状态，造成水有铁锈味和浑浊，形成水垢、繁生铁细菌
锰	常以 Mn^{2+} 形态存在，其很多化学行为与铁相似
铜	影响水的可饮用性，对金属管道有侵蚀作用
锌	很多化学行为与铜相似
钠	天然水中主要的易溶组分，对水质不发生重要影响
硅	多以 H_4SiO_4 形态普遍存在于天然水中，含量变化幅度大
有毒金属	常见的有镉、汞、铅、铬等，一般来源于工业废水
有毒准金属	常见的有砷、硒等，砷化物有剧毒，硒影响嗅感和味觉
氯化物	影响可饮用性，腐蚀金属表面
氟化物	饮用水浓度控制在 1mg/L 可防止龋齿，高浓度时有腐蚀性
硫酸盐	水体缺氧条件下经微生物反硫化作用转化为有毒的 H_2S
硝酸盐氮	通过饮用水过量摄入婴幼儿体内时，可引起变性血红蛋白病
亚硝酸盐氮	是亚铁血红蛋白病的病原体，与仲胺类作用生成致癌的亚硝胺类化合物
氨氮	呈 NH_4^+ 和 NH_3 形态存在，NH_3 形态对鱼有危害，用 Cl_2 处理水时可产生有毒的氯胺
磷酸盐	基本上有三种形态：正磷酸盐、聚磷酸盐和有机键合的磷酸盐，是生命必需物质，可引起水体富营养化问题
氰化物	剧毒，进入生物体后破坏高铁细胞色素氧化酶的正常作用，致使组织缺氧窒息

4.1.2.3 非专一性有机物指标

生物化学需氧量（BOD）	水体通过微生物作用发生自然净化的能力标度，废水生物处理效果标度
化学需氧量（COD）	有机污染物浓度指标
高锰酸盐指数	易氧化有机污染物及还原性无机物的浓度指标
总需氧量（TOD）	近于理论耗氧量值
总有机碳（TOC）	近于理论有机碳量值
酚类	多数酚化合物对人体毒性不大，但有臭味（特别是氯化过的水），影响可饮用性
洗涤剂类	仅有轻微毒性，有发泡性石油类影响空气-水界面间氧的交换，被微生物降解时耗氧，使水质恶化

4.1.2.4 溶解性气体

氧气	为大多数高等水生生物呼吸所需，腐蚀金属，水体中缺氧时又会产生有害的 H_2S、CH_4 等
二氧化碳	大多数天然水系中碳酸体系的组成物

4.1.3 生物指标

细菌总数	对饮用水进行卫生学评价时的依据
大肠菌群	水体被粪便污染程度的指标
藻类	水体营养状态指标

4.1.4 放射性指标

总 α、总 β、铀、镭、钍等	生物体受过量辐射时（特别是内照射）可引起各种放射病或烧伤等。

4.2 地表水环境质量标准

《地表水环境质量标准》（GB 3838—2002）将标准项目分为：地表水环境质量标准基本项目、集中式生活饮用水地表水源地补充项目和集中式生活饮用水地表水源地特定项目。其中地表水环境质量标准基本项目 24 项，集中式生活饮用水地表水源地补充项目 5 项，集中式生活饮用水地表水源地特定项目 80 项，共计 109 项。

其中地表水环境质量标准基本项目适用于全国江河、湖泊、运河、渠道、水库等具有使用功能的地表水水域；集中式生活饮用水地表水源地补充项目和特定项目适用于集中式生活饮用水地表水源地一级保护区和二级保护区。集中式生活饮用水地表水源地特定项目由县级以上人民政府环境保护行政主管部门根据本地区地表水水质特点和环境管理的需要进行选择，集中式生活饮用水地表水源地补充项目和选择确定的特定项目将作为基本项目的补充指标。

4.2.1 水域功能和标准分类

在 GB 3838—2002 标准中，依据使用目的和保护目标将地表水划分为以下 5 类：

Ⅰ类：主要适用于源头水、国家自然保护区。

Ⅱ类：主要适用于集中式生活饮用水水源地一级保护区、珍贵鱼类保护区、鱼虾产卵场等。

Ⅲ类：主要适用于集中式生活饮用水水源地二级保护区、一般鱼类保护区及游泳区。

Ⅳ类：主要适用于一般工业用水区以及人体非直接接触的娱乐用水区。

Ⅴ类：主要适用于农业用水区及一般景观要求水域。

4.2.2 地表水环境质量标准基本项目指标及分析方法

对应以上 5 类水域的水质要求，提出了 24 个水质指标并规定了它们的标准值以及相应的选配分析方法，将地表水环境质量标准基本项目标准值分为 5 类，对应不同类别的水域分别执行相应类别的标准值。有关内容参见表 4-1、表 4-2。综合归纳金属类、非金属类和有机化合物类的分析方法大体有以下几种：

（1）**金属类化合物** 比色法（或称分光光度法）、原子吸收分光光度法。

（2）**非金属类化合物** 比色法、离子选择电极法、容量法。

（3）**有机化合物** 比色法、容量法。

表 4-1 地表水环境质量标准基本项目标准限值

序号	项　　目		Ⅰ类	Ⅱ类	Ⅲ类	Ⅳ类	Ⅴ类
1	水温/℃		人为造成的环境水温变化应限制在：周平均最大温升≤1 周平均最大温降≤2				
2	pH(无量纲)		6～9				
3	溶解氧(DO)/(mg/L)	≥	饱和率90% (或7.5)	6	5	3	2
4	高锰酸盐指数/(mg/L)	≤	2	4	6	10	15
5	化学需氧量(COD)/(mg/L)	≤	15	15	20	30	40

序号	项 目		Ⅰ类	Ⅱ类	Ⅲ类	Ⅳ类	Ⅴ类
6	五日生化需氧量（BOD₅）/(mg/L)	≤	3	3	4	6	10
7	氨氮（NH₃-N）/(mg/L)	≤	0.15	0.5	1.0	1.5	2.0
8	总磷（以 P 计）/(mg/L)	≤	0.02 (湖、库 0.01)	0.1 (湖、库 0.025)	0.2 (湖、库 0.05)	0.3 (湖、库 0.1)	0.4 (湖、库 0.2)
9	总氮（湖、库以 N 计）/(mg/L)	≤	0.2	0.5	1.0	1.5	2.0
10	铜/(mg/L)	≤	0.01	1.0	1.0	1.0	1.0
11	锌/(mg/L)	≤	0.05	1.0	1.0	2.0	2.0
12	氟化物（以 F 计）/(mg/L)	≤	1.0	1.0	1.0	1.5	1.5
13	硒/(mg/L)	≤	0.01	0.01	0.01	0.02	0.02
14	砷/(mg/L)	≤	0.05	0.05	0.05	0.1	0.1
15	汞/(mg/L)	≤	0.00005	0.00005	0.0001	0.001	0.001
16	锡/(mg/L)	≤	0.001	0.005	0.005	0.005	0.01
17	铬（Ⅵ）/(mg/L)	≤	0.01	0.05	0.05	0.05	0.1
18	铅/(mg/L)	≤	0.01	0.01	0.05	0.05	0.1
19	氰化物/(mg/L)	≤	0.005	0.05	0.2	0.2	0.2
20	挥发酚/(mg/L)	≤	0.002	0.002	0.005	0.01	0.1
21	石油类/(mg/L)	≤	0.05	0.05	0.05	0.5	1.0
22	阴离子表面活性剂/(mg/L)	≤	0.2	0.2	0.2	0.3	0.3
23	硫化物/(mg/L)	≤	0.05	0.1	0.2	0.5	1.0
24	粪大肠菌群/(个/L)	≤	200	2000	10000	20000	40000

表 4-2　地表水环境质量标准基本项目分析方法　　　　单位：mg/L

序号	项目	分析方法	最低检出限	方法来源
1	水温	温度计法		GB 13195—91
2	pH	电极法		HJ 1147—2020
3	溶解氧	碘量法	0.2	GB 7489—87
		电化学探头法		GB 11913—89
4	高锰酸盐指数	高锰酸盐法	0.5	GB 11892—89
5	化学需氧量	重铬酸盐法	10	GB 11914—89
		快速消解分光光度法	15	HJ/T 399—2007
6	五日生化需氧量	稀释与接种法	2	HJ 505—2009

序号	项目	分析方法	最低检出限	方法来源
7	氨氮	纳氏试剂比色法	0.05	HJ 535—2009
	总磷	水杨酸分光光度法	0.01	GB 7481—87
		钼酸铵分光光度法	0.01	GB 11893—89
9	总氮	碱性过硫酸钾消解紫外分光光度法	0.05	HJ 636—2012
10	铜	2,9-二甲基-1,10-菲咯啉分光光度法	0.06	GB 7473—87
		二乙基二硫代氨基甲酸钠分光光度法		GB 7474—87
		原子吸收分光光度法(螯合萃取法)	0.001	GB 7475—87
11	锌	原子吸收分光光度法	0.05	GB 7475—87
12	氟化物	氟试剂分光光度法	0.05	GB 7483—87
		离子选择电极法	0.05	GB 7484—87
		离子色谱法	0.02	HJ/T 84—2001
13	硒	2,3-二氨基紫荧光法	0.00025	GB 11902—89
		石墨炉原子吸收分光光度法	0.003	GB/T 15505—1995
14	砷	二乙基二硫代氨基甲酸银分光光度法	0.007	GB 7485—87
		冷原子荧光法	0.00006	①
15	汞	冷原子吸收分光光度法	0.00005	GB 7468-87
		冷原子荧光法	0.00005	①
16	镉	原子吸收分光光度法(螯合萃取法)	0.001	GB 7475—87
17	铬(Ⅵ)	二苯碳酰二肼分光光度法	0.004	GB 7467—87
18	铅	原子吸收分光光度法(螯合萃取法)	0.01	GB 7475—87
19	氰化物	异烟酸-吡唑啉酮比色法		GB 7487—87
		吡啶-巴比妥酸比色法	0.002	
20	挥发酚	4-氨基安替比林分光光度法		HJ 503-2009
21	石油类	红外分光光度法	0.01	GB/T 16488—1996
22	阴离子表面活性剂	亚甲蓝分光光度法	0.05	GB 7494—87
23	硫化物	气相分子吸收光谱法	0.005	HJ/T 200—2005
		直接显色分光光度法	0.004	GB/T 17133—1997
24	粪大肠菌群	多管发酵法、滤膜法		①

注：暂采用上述分析方法，待国家标准发布后，执行国家标准。
①《水和废水监测分析方法（第四版）》中国环境科学出版社，2002年。

4.2.3 集中式生活饮用水地表水源地补充项目指标及分析方法

集中式生活饮用水地表水源地补充项目共有5项，均属常用的无机物指标。其对应的标准值以及相应的分析方法见表4-3、表4-4。

表 4-3　集中式生活饮用水地表水源地补充项目标准限值

序号	项目	标准值/(mg/L)
1	硫酸盐(以 SO_4^{2-} 计)	250
2	氯化物(以 Cl^- 计)	250
3	硝酸盐(以 N 计)	10
4	铁	0.3
5	锰	0.1

表 4-4　集中式生活饮用水地表水源地补充项目分析方法

序号	项目	分析方法	最低检出限/(mg/L)	方法来源
1	硫酸盐	重量法	10	GB 11899—89
		火焰原子吸收分光光度法	0.4	GB 13196—91
		铬酸钡光度法	8	①
		离子色谱法	0.09	HJ/T 84—2001
2	氯化物	硝酸银测定法	10	GB 11896—89
		硝酸汞测定法	2.5	①
		离子色谱法	0.02	HJ/T 84—2001
3	硝酸盐	酚二磺酸分光光度法	0.02	GB 7480—87
		紫外分光光度法	0.08	①
		离子色谱法	0.08	HJ/T 84—2001
4	铁	火焰原子吸收分光光度法	0.03	GB 11911—89
		邻菲啰啉分光光度法	0.03	①
5	锰	高碘酸钾分光光度法	0.02	GB 11906-89
		火焰原子吸收分光光度法	0.01	GB 11911—89
		甲醛肟光度法	0.01	①

注：暂采用上述分析方法，待国家标准发布后，执行国家标准。
①《水和废水监测分析方法（第四版）》中国环境科学出版，2002 年。

4.2.4　集中式生活饮用水地表水源地特定项目指标及分析方法

集中式生活饮用水地表水源地特定项目共有 80 项，其对应的标准值以及相应的分析方法见表 4-5、表 4-6。

表 4-5　集中式生活饮用水地表水源地特定项目标准限值

序号	项目	标准值/(mg/L)	序号	项目	标准值/(mg/L)
1	三氯甲烷	0.06	5	1,2-二氯乙烷	0.03
2	四氯化碳	0.002	6	环氧氯丙烷	0.02
3	三溴甲烷	0.1	7	氯乙烯	0.005
4	二氯甲烷	0.02	8	1,1-二氯乙烯	0.03

序号	项目	标准值/(mg/L)	序号	项目	标准值/(mg/L)
9	1,2-二氯乙烯	0.05	45	水合肼	0.01
10	三氯乙烯	0.07	46	四乙基铅	0.0001
11	四氯乙烯	0.04	47	吡啶	0.2
12	氯丁二烯	0.002	48	松节油	0.2
13	六氯丁二烯	0.0006	49	苦味酸	0.5
14	苯乙烯	0.02	50	丁基黄原酸	0.005
15	甲醛	0.9	51	活性氯	0.01
16	乙醛	0.05	52	滴滴涕	0.001
17	丙烯醛	0.1	53	林丹	0.002
18	三氯乙醛	0.01	54	环氧七氯	0.0002
19	苯	0.01	55	对硫磷	0.003
20	甲苯	0.7	56	甲基对硫磷	0.002
21	乙苯	0.3	57	马拉硫磷	0.05
22	二甲苯①	0.5	58	乐果	0.08
23	异丙苯	0.25	59	敌敌畏	0.05
24	氯苯	0.3	60	敌百虫	0.05
25	1,2-二氯苯	1	61	内吸磷	0.03
26	1,4-二氯苯	0.3	62	百菌清	0.01
27	三氯苯②	0.02	63	甲奈威	0.05
28	四氯苯③	0.02	64	溴氰菊酯	0.02
29	六氯苯	0.05	65	阿特拉津	0.003
30	硝基苯	0.017	66	苯并[a]芘	2.8×10^{-6}
31	二硝基苯④	0.5	67	甲基汞	1.0×10^{-6}
32	2,4-二硝基甲苯	0.0003	68	多氯联苯⑥	2.0×10^{-5}
33	2,4,6-三硝基甲苯	0.5	69	微囊藻毒素-LR	0.001
34	硝基氯苯⑤	0.05	70	黄磷	0.003
35	2,4-二硝基氯苯	0.5	71	钼	0.07
36	2,4-二氯苯酚	0.093	72	钴	1.0
37	2,4,6-三氯苯酚	0.2	73	铍	0.002
38	五氯酚	0.009	74	硼	0.5
39	苯胺	0.1	75	锑	0.005
40	联苯胺	0.0002	76	镍	0.02
41	丙烯酰胺	0.0005	77	钡	0.7
42	丙烯腈	0.1	78	钒	0.05
43	邻苯二甲酸二丁酯	0.003	79	钛	0.1
44	邻苯二甲酸二(2-乙基己基)酯	0.008	80	铊	0.0001

注：① 二甲苯：指对-二甲苯、间-二甲苯、邻-二甲苯。

② 三氯苯：指1,2,3-三氯苯、1,2,4-三氯苯、1,3,5-三氯苯。

③ 四氯苯：指1,2,3,4-四氯苯、1,2,3,5-四氯苯、1,2,4,5-四氯苯。

④ 二硝基苯：指对-二硝基苯、间-二硝基苯、邻-二硝基苯。

⑤ 硝基氯苯：指对-硝基氯苯、间-硝基氯苯、邻-硝基氯苯。

⑥ 多氯联苯：指 PCB-1016、PCB-1221、PCB-1232、PCB-1242、PCB-1248、PCB-1254、PCB-1260。

表 4-6　集中式生活饮用水地表水源地特定项目分析方法

序号	项目	分析方法	最低检出限/(mg/L)	方法来源
1	三氯甲烷	顶空气相色谱法	0.0003	GB/T 17130—1997
		气相色谱法	0.0006	②
2	四氯化碳	顶空气相色谱法	0.00005	GB/T 17130—1997
		气相色谱法	0.0003	②
3	三溴甲烷	顶空气相色谱法	0.001	GB/T 17130—1997
		气相色谱法	0.006	②
4	二氯甲烷	顶空气相色谱法	0.0087	②
5	1,2-二氯乙烷	顶空气相色谱法	0.0125	②
6	环氧氯丙烷	气相色谱法	0.02	②
7	氯乙烯	气相色谱法	0.001	②
8	1,1-二氯乙烯	吹出捕集气相色谱法	0.000018	②
9	1,2-二氯乙烯	吹出捕集气相色谱法	0.000012	②
10	三氯乙烯	顶空气相色谱法	0.0005	GB/T 17130—1997
		气相色谱法	0.003	②
11	四氯乙烯	顶空气相色谱法	0.0002	GB/T 17130—1997
		气相色谱法	0.0012	②
12	氯丁二烯	顶空气相色谱法	0.002	②
13	六氯丁二烯	气相色谱法	0.00002	②
14	苯乙烯	气相色谱法	0.01	②
15	甲醛	乙酰丙酮分光兰度法	0.05	GB 13197—91
		4-氨基-3-联氨-5-巯基-1,2,4-三氮杂茂（AHMT）分光光度法	0.05	②
16	乙醛	气相色谱法	0.24	②
17	丙烯醛	气相色谱法	0.019	②
18	三氯乙醛	气相色谱法	0.001	②
19	苯	液上气相色谱法	0.005	GB 11890—89
		顶空气相色谱法	0.00042	②
20	甲苯	液上气相色谱法	0.005	GB 11890—89
		二硫化碳萃取气相色谱法	0.05	
		气相色谱法	0.01	②
21	乙苯	液上气相色谱法	0.005	GB 11890—89
		二硫化碳萃取气相色谱法	0.05	
		气相色谱法	0.01	②

序号	项目	分析方法	最低检出限/(mg/L)	方法来源
22	二甲苯	液上气相色谱法	0.005	①GB 11890—89
		二硫化碳萃取气相色谱法	0.05	
		气相色谱法	0.01	②
23	异丙苯	顶空气相色谱法	0.0032	②
24	氯苯	气相色谱法	0.01	HJ/T 74—2001
25	1,2-二氯苯	气相色谱法	0.002	GB/T 17131—1997
26	1,4-二氯苯	气相色谱法	0.005	GB/T 17131—1997
27	三氯苯	气相色谱法	0.00004	②
28	四氯苯	气相色谱法	0.00002	②
29	六氯苯	气相色谱法	0.00002	②
30	硝基苯	气相色谱法	0.0002	GB 13194—91
31	二硝基苯	气相色谱法	0.2	②
32	2,4-二硝基甲苯	气相色谱法	0.0003	GB 13194—91
33	2,4,6-三硝基甲苯	气相色谱法	0.1	②
34	硝基氯苯	气相色谱法	0.0002	GB 13194—91
35	2,4-二硝基氯苯	气相色谱法	0.1	②
36	2,4-二氯苯酚	电子捕获-毛细色谱法	0.0004	②
37	2,4,6-三氯苯酚	电子捕获-毛细色谱法	0.00004	②
38	五氯酚	气相色谱法	0.00004	GB 8972—88
		电子捕获-毛细色谱法	0.000024	②
39	苯胺	气相色谱法	0.002	②
40	联苯胺	气相色谱法	0.0002	③
41	丙烯酰胺	气相色谱法	0.00015	②
42	丙烯腈	气相色谱法	0.10	②
43	邻苯二甲酸二丁酯	液相色谱法	0.0001	HJ/T 72—2001
44	邻苯二甲酸二(2-乙基己基)酯	气相色谱法	0.0004	②
45	水合肼	对二甲氨基苯甲醛直接分光光度法	0.005	②
46	四乙基铅	双硫腙目视比色法	0.0001	②
47	吡啶	气相色谱法	0.031	GB/T 14672—93
		巴比土酸分光光度法	0.05	②
48	松节油	气相色谱法	0.02	②

序号	项目	分析方法	最低检出限 /(mg/L)	方法来源
49	苦味酸	气相色谱法	0.001	②
50	丁基黄原酸	铜试剂亚铜分光光度法	0.002	②
51	活性氯	N,N-二乙基对苯二胺（DPD）分光光度法	0.01	②
		$3,3',5,5'$-四甲基联苯胺比色法	0.005	②
52	滴滴涕	气相色谱法	0.0002	GB 7492—87
53	林丹	气相色谱法	4×10^{-6}	GB 7492—87
54	环氧七氯	液液萃取气相色谱法	0.000083	②
55	对硫磷	气相色谱法	0.00054	GB 13192—91
56	甲基对硫磷	气相色谱法	0.00042	GB 13192—91
57	马拉硫磷	气相色谱法	0.00064	GB 13192—91
58	乐果	气相色谱法	0.00057	GB 13192—91
59	敌敌畏	气相色谱法	0.00006	GB 13192—91
60	敌百虫	气相色谱法	0.000051	GB 13192—91
61	内吸磷	气相色谱法	0.0025	②
62	百菌清	气相色谱法	0.0004	②
63	甲萘威	高效液相色谱法	0.01	②
64	溴氰菊酯	气相色谱法	0.0002	②
		高效液相色谱法	0.002	②
65	阿特拉津	气相色谱法		③
66	苯并[a]芘	乙酰化滤纸层析荧光分光光度法	4×10^{-6}	GB 11895—89
		高效液相色谱法	1×10^{-6}	GB 13198—91
67	甲基汞	气相色谱法	4×10^{-5}	GB/T 17132—1997
68	多氯联苯	气相色谱法		③
69	微囊藻毒素-LR	高效液相色谱法	0.00001	②
70	黄磷	钼-锑-抗分光光度法	0.0025	②
71	钼	无火焰原子吸收分光光度法	0.00231	②
72	钴	无火焰原子吸收分光光度法	0.00191	②
73	铍	铬菁 R 分光光度法	0.0002	HJ/T 58—2000
		石墨炉原子吸收分光光度法	0.00002	HJ/T 59—2000
		桑色素荧光分光光度法	0.0002	②

序号	项目	分析方法	最低检出限 /(mg/L)	方法来源
74	硼	姜黄素分光光度法	0.02	HJ/T 49—1999
		甲亚胺-H 分光光度法	0.2	②
75	锑	氢化原子吸收分光光度法	0.00025	②
76	镍	无火焰原子吸收分光光度法	0.00248	②
77	钡	无火焰原子吸收分光光度法	0.00618	②
78	钒	钽试剂(BPHA)萃取分光光度法	0.018	GB/T 15503—1995
		无火焰原子吸收分光光度法	0.00698	②
79	钛	催化示波极谱法	0.0004	②
		水杨基荧光酮分光光度法	0.02	②
80	铊	无火焰原子吸收分光光度法	4×10^{-6}	②

注：暂采用下列分析方法，待国家方法标准发布后，执行国家标准。

① 《水和废水监测分析方法（第四版）》，中国环境科学出版社，2002 年。

② 《生活饮用水卫生规范》，中华人民共和国卫生部，2001 年。

③ 《水和废水标准检验法》，中国建筑工业出版社，1985 年。

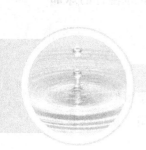

第 5 章
常见水质指标的测定实验

水质监测是一个监测水体的过程，主要用于监测和测定水中存在的污染物的种类和数量，监测过程中可根据水体含污染物情况以及水质的变化趋势做出合理评价。本章精选了水环境化学研究和监测中实用性强的水质指标作为实验项目。

5.1 水温的测定——温度计法

水温指水体的温度，是表示水体冷热程度的物理量，是太阳辐射、长波有效辐射、水面与大气的热量交换、水面蒸发、水体的水力因素及水体地质地貌特征、补给水源等因素综合作用的热效应。

本方法适用于井水、江河水、湖泊（水库）水以及海水水温的测定。

5.1.1 实验目的

① 了解水温的基本概念。
② 掌握水温的测定方法。

5.1.2 原理

在水样采集现场，利用专门的水银温度计，直接测量并读取水温。

5.1.3 仪器

5.1.3.1 水温计

水温计适用于测量水的表层温度。

水银温度计安装在特制金属套管内，套管设有可供温度计读数的窗孔，套管上端有一提环，以供系住绳索，套管下端旋紧着一只有孔的盛水金属圆筒，水温计的球部应位于金属圆筒的中央。

测量范围 $-6℃\sim+40℃$，分度值为 $0.2℃$。

5.1.3.2 深水温度计

深水温度计适用于水深 40m 以内的水温的测量。其结构与水温计相似。盛水圆筒较大，并有上、下活门，利用其放入水中和提升时的自动启开和关闭，使筒内装满所测温度的水样。

测量范围 $-2℃\sim+40℃$，分度值为 $0.2℃$。

5.1.3.3 颠倒温度计（闭式）

颠倒温度计（闭式）适用于测量水深在 40m 以上的各层水温。

闭端（防压）式颠倒温度计由主温度计和辅温度计组装在厚壁玻璃套管内构成，套管两端完全封闭。主温度计测量范围 $-2℃\sim+32℃$，分度值为 $0.10℃$，辅温度计测量范围为 $-20℃\sim+50℃$，分度值为 $0.5℃$。

主温度计水银柱断裂应灵活，断点位置固定，复正温度计时，接受泡水银应全部回流，主、辅温度计应固定牢靠。

颠倒温度计需装在颠倒采水器上使用。

注：水温计或颠倒温度计应定期由计量检定部门进行校核。

5.1.4 测定步骤

水温应在采样现场测定。

5.1.4.1 表层水温的测定

将水温计投入水中至待测深度，感温 5min 后，迅速上提并立即读数。从水温计离开水面至读数完毕应不超过 20s，读数完毕后，将筒内水倒净。

5.1.4.2 水深在 40m 以内水温的测定

将深水温度计投入水中，按与表层水温的测定相同步骤（5.1.4.1）进行测定。

5.1.4.3 水深在 40m 以上水温的测定

将安装有闭式颠倒温度计的颠倒采水器，投入水中至待测深度，感温 10min 后，由"使锤"作用，打击采水器的"撞击开关"，使采水器完成颠倒动作。

感温时，温度计的储蓄泡向下，断点以上的水银柱高度取决于现场温度，当温度计颠倒时，水银在断点断开，分成上、下两部分，此时接受泡一端的水银柱示数，即为所测温度。

上提采水器，立即读取主温度计上的温度。

根据主、辅温度计的读数，分别查主、辅温度计的器差表（由温度计检定证中的检定值线性内插做成），得出相应的校正值。

颠倒温度计的还原校正值 K 的计算公式为：

$$K = \frac{(T-t)(T+V_0)}{n} \times \left(1 + \frac{T+V_0}{n}\right) \qquad (5\text{-}1)$$

式中　T——主温度计经器差校正后的读数，℃；

　　　t——辅温度计经器差校正后的读数，℃；

　　　V_0——主温度计自接受泡至刻度 0℃处的水银容积，以温度度数表示；

　　　$1/n$——水银与温度计玻璃的相对膨胀系数，n 通常取值为 6300。主温度计经器差校正后的读数 T 加还原校正值 K，即为实际水温。

5.1.5　注意事项

① 应先检查温度计的刻度线是否在零刻度线。

② 测量水温时，温度计不能和管壁接触。

③ 读取温度时，眼睛要平视刻度线。

④ 读取温度不要放进去马上读，也不要等太久，需感温 5min 后，迅速上提并立即读数。

5.2　色度的测定——铂钴比色法

水是无色透明的，当水中存在某些物质时，会表现出一定的颜色。溶解性的有机物，部分无机离子和有色悬浮微粒均可使水着色。真色是指去除悬浮物后水的颜色；没有去除悬浮物的水所具有的颜色称为表色。对于清洁或浊度很低的水，其真色和表色相近；对于着色很深的工业废水，二者的差别较大。水的色度一般是指真色。天然和轻度污染水可用铂钴比色法测定色度，对工业有色废水常用稀释倍数法辅以文字描述。

5.2.1　实验目的

① 了解真色、表色和色度的含义。

② 掌握铂钴比色法测定色度的方法。

5.2.2　实验原理

用氯铂酸钾与氯化钴配成标准色列，与水样进行目视比色。每升水中含有 1mg 铂和 0.5mg 钴时所具有的颜色，称为 1 度，作为标准色度单位。

如水样浑浊，则放置澄清，亦可用离心法或用孔径为 0.45μm 滤膜过滤以去除悬浮物，但不能用滤纸过滤，因滤纸可吸附部分溶解于水并使水着色的物质。

5.2.3 仪器和试剂

（1）**50mL 具塞比色管** 其刻线高度应一致。

（2）**铂钴标准溶液** 称取 1.246g 氯铂酸钾（K_2PtCl_6）（相当于 500mg 铂）及 1.000g 氯化钴（$COCl_2 \cdot 6H_2O$）（相当于 250mg 钴），溶于 100mL 水中，加 100mL 浓盐酸，用水定容至 1000mL。此溶液色度为 500 度，保存在密塞玻璃瓶中，存放于暗处。

5.2.4 测定步骤

5.2.4.1 标准色列的配制

向 50mL 比色管中加入 0mL、0.50mL、1.00mL、1.50mL、2.00mL、2.50mL、3.00mL、3.50mL、4.00mL、4.50mL、5.00mL、6.00mL 及 7.00mL 铂钴标准溶液，用水稀释至标线，混匀。各管的色度依次为 0 度、5 度、10 度、15 度、20 度、25 度、30 度、35 度、40 度、45 度、50 度、60 度和 70 度。密塞保存。

5.2.4.2 水样的测定

① 分取 50.0mL 澄清透明水样于比色管中，如水样色度较大，可酌情少取水样，用水稀释至 50.0mL。

② 将水样与标准色列进行目视比较。观察时，可将比色管置于白瓷板或白纸上，使光线从管底部向上透过液柱，目光自管口垂直向下观察，记下与水样色度相同的铂钴标准色列的色度。

5.2.5 计算方法

按式(5-2)计算色度：

$$色度 = \frac{50A}{V} \tag{5-2}$$

式中 A——稀释后水样相当于铂-钴标准色列的色度，度；

$\quad V$——水样体积，mL；

$\quad 50$——水样稀释后的体积，即具塞比色管的体积，mL。

5.2.6 注意事项

① 可用重铬酸钾代替氯铂酸钾配制标准色列。方法是：称取 0.0437g 重铬酸钾和 1.000g 硫酸钴（$CoSO_4 \cdot 7H_2O$），溶于少量水中，加入 0.50mL 硫酸，用水稀释至 500mL。此溶液的色度为 500 度。不宜久存。

② 如果样品中有泥土或其他分散很细的悬浮物，虽经预处理而得不到透明水样时，则只测其表色。

③ 如测定水样的真色，应放置至澄清取上清液，或用离心法去除悬浮物后测定；

如测定水样的表色，待水样中大颗粒悬浮物沉淀后，取上清液测定。

④ pH 值对色度有较大的影响，在测定色度的同时，应测量溶液的 pH 值。

⑤ 铂钴比色法适用于黄色色调的水样。

⑥ 比色时，如介于两个标准色列之间时取中间值。

5.3 悬浮物和浊度的测定

浊度是反映水中的不溶性物质（例如水中的泥沙、黏土、无机物、有机物、浮游生物和微生物等）对光线透过时阻碍程度的指标，通常仅用于天然水和饮用水，而废水中不溶性物质含量高，一般要求测定悬浮物的含量。悬浮物是造成水浑浊的主要原因，水中悬浮物含量是衡量水污染程度的指标之一。悬浮物指悬浮在水中的固体物质，包括不溶于水中的无机物、有机物及泥沙、黏土、微生物等。

5.3.1 实验目的

① 了解悬浮物和浊度的基本概念。

② 掌握悬浮物和浊度等指标的测定方法。

5.3.2 重量法测悬浮物

5.3.2.1 原理

悬浮物（SS）是指水样经过滤后留在过滤器上，并于 103～105℃烘至恒重后得到的物质。常用的滤器有滤纸、滤膜、石棉坩埚。由于它们的滤孔大小不一致，故报告中应注明。

5.3.2.2 试剂

蒸馏水或同等纯度的水。

5.3.2.3 仪器

① 烘箱。

② 分析天平。

③ 干燥器。

④ 孔径为 0.45μm 的滤膜及相应的滤器或中速定量滤纸。

⑤ 内径为 30～50mm 的称量瓶。

⑥ 其他常用实验室仪器。

5.3.2.4 采样及样品贮存

（1）采样　所用聚乙烯瓶或硬质玻璃瓶要用洗涤剂洗净。再依次用自来水和蒸馏水冲洗干净。在采样之前，再用即将采集的水样清洗三次。然后，采集具有代表性的水样 500～1000mL，盖严瓶塞。

（2）**样品贮存**　采集的水样应尽快分析测定。如需放置，应贮存在 4℃冷藏箱中，但最长不得超过七天。

5.3.2.5　测定步骤

（1）**滤膜准备**　用扁嘴无齿镊子夹取微孔滤膜放于事先恒重的称量瓶里，移入烘箱中，于 103～105℃烘干半小时后取出置于干燥器内冷却至室温，称其质量。反复烘干、冷却、称量，直至两次称量的质量差≤0.2mg。将恒重的微孔滤膜正确地放在滤膜过滤器的滤膜托盘上，加盖配套的漏斗，并用夹子固定好。以蒸馏水湿润滤膜，并不断吸滤。

（2）**测定**　量取充分混合均匀的试样 100mL 抽吸过滤。使水分全部通过滤膜。再以每次 10mL 蒸馏水连续洗涤三次，继续吸滤以除去痕量水分。停止吸滤后，仔细取出载有悬浮物的滤膜放在原恒重的称量瓶里，移入烘箱中于 103～105℃下烘干一小时后移入干燥器中，使冷却到室温，称重。反复烘干、冷却、称重，直至两次称量的质量差≤0.4mg 为止。

5.3.2.6　结果的表示

悬浮物含量 ρ（mg/L）按下式计算：

$$\rho = \frac{(A-B)\times 10^6}{V} \tag{5-3}$$

式中　ρ——水中悬浮物浓度，mg/L；

　　　A——（悬浮物＋滤膜＋称量瓶）质量，g；

　　　B——（滤膜＋称量瓶）质量，g；

　　　V——试样体积，mL。

5.3.2.7　注意事项

① 合理设定采样位置和采样深度。采样后应尽快完成分析测试，避免存放时间过长，水样因时间的推移产生氢氧化物沉淀，影响测试结果，如需短时间放置，应贮存在 4℃的冷藏箱中。

② 树叶、木棒、水草等杂质应先从水样中除去。

③ 废水黏度高时，可加 2～4 倍蒸馏水稀释，振荡均匀，待沉淀物下降后再过滤。

④ 滤膜上悬浮物过少，会增大称量误差，影响测定结果。因此当水样悬浮物很低时，应增大过滤水样的体积（200～300mL），否则会增大测量误差，影响测定结果。

⑤ 称量室的湿度要恒定，最好提前打开空调，关好门窗。特别是潮湿天气，称量过程中极易吸潮，会引起较大的误差，影响测定结果。

5.3.3 分光光度法测浊度

5.3.3.1 原理

浊度是表征水中不溶物对光线透过时发生的阻碍程度。水中含有泥土、粉砂、微细有机物、浮游动物和其他微生物等悬浮物和胶体物都可使水样呈现浊度。浊度大小不仅和水中存在颗粒物含量有关，而且和其粒径大小、形状、颗粒表面对光散射特性有密切关系。测定浊度的方法有分光光度法、目视比浊法和浊度计法。

目视比浊法是根据水样的浑浊程度，配制不同浊度的标准溶液，将其与同体积的水样进行目视比较，即得水样浊度。

分光光度法是在适当温度下，将一定量的硫酸肼与六次甲基四胺集合，生成白色高分子聚合物，以此作为浊度标准溶液，在一定条件（680nm 波长，3cm 的比色皿）下与水样浊度比较。首先测定系列浊度标准溶液的吸光度，绘制标准曲线，然后在相同条件下，测定水样的吸光度，在标准曲线上查得相应的浊度值。

5.3.3.2 仪器

① 分光光度计：配 30mm 比色皿。

② 具塞比色管：100mL。

③ 容量瓶：250mL、1000mL。

④ 量筒：1000mL。

5.3.3.3 试剂

① 硫酸肼溶液：称取 1.000g 硫酸肼 $[(NH_2)_2SO_4 \cdot H_2SO_4]$ 溶于水中，定容至 100mL。

② 六次甲基四胺溶液：称取 10.000g 六次甲基四胺溶于水中，定容至 100mL。

③ 浊度标准溶液：吸取 5.00mL 硫酸肼溶液与 5.00mL 六次甲基四胺溶液于 100mL 容量瓶中混匀，于（25±3）℃下静置反应 24h。冷却后用水稀释至标线，混匀。此溶液浊度为 400 度，可保存一个月。

5.3.3.4 测定步骤

（1）标准曲线的绘制 吸取浊度标准溶液 0mL、0.50mL、1.25mL、2.50mL、5.00mL、10.00mL 和 12.50mL，置于 50mL 比色管中，加无浊度水至标线。摇匀后即得浊度为 0 度、4 度、10 度、20 度、40 度、80 度、100 度的标准系列。在 680nm 波长下，用 30mm 比色皿，测定吸光度，绘制标准曲线。

（2）水样的测定 吸取 50.0mL 摇匀水样（无气泡，如浊度超过 100 度可酌情少取，用无浊度水稀释至 50.0mL）于 50mL 比色管中，按绘制标准曲线步骤测定吸光度，由标准曲线上查得水样浊度。

5.3.3.5 结果处理

$$浊度 = \frac{A \times (V_B + V_C)}{V_C} \tag{5-4}$$

式中 A——稀释后水样的浊度;

V_B——所取用原水体积,mL;

V_C——原水样体积,mL。

5.3.3.6 注意事项

① 所有与水样接触的玻璃器皿必须清洁,用盐酸或表面活性剂清洗。

② 若不能及时分析,可保存在 4℃暗处,不超过 24h,测定前应摇匀水样并恢复至室温。

③ 最好用无浊度水(蒸馏水通过 $0.2\mu m$ 滤膜过滤)稀释浊度标液及水样。

④ 硫酸肼毒性较强,属致癌物质,取用时必须注意安全。

5.4 硬度的测定——EDTA 滴定法

总硬度是指水体中二价及多价金属离子含量的总和,这些离子包括了 Ca^{2+}、Mg^{2+}、Sr^{2+}、Fe^{2+}、Fe^{3+}、Al^{3+}、Mn^{2+}、Ba^{2+} 等。在一般天然淡水中,除钙镁离子(Ca^{2+}、Mg^{2+})外,其他离子含量很少,在构成水的硬度上可以忽略。因此,一般常以水中的 Ca^{2+}、Mg^{2+} 含量来计算硬度。

5.4.1 实验目的

① 了解测定水总硬度的意义及常用的硬度表示方法。

② 掌握测定水总硬度的原理和方法。

5.4.2 实验原理

在 pH=10 时,用 EDTA 溶液络合滴定 Ca^{2+}、Mg^{2+},作为指示剂的铬黑 T 与 Ca^{2+}、Mg^{2+} 形成紫红或紫色溶液。在滴定中游离的 Ca^{2+}、Mg^{2+} 首先与 EDTA 反应,到完全配合后,继续滴加 EDTA 时,由于 EDTA 与 Ca^{2+}、Mg^{2+} 配合物的条件稳定常数大于铬黑 T 与 Ca^{2+}、Mg^{2+} 配合物的条件稳定常数,EDTA 夺取铬黑 T 配合物中的金属离子,将铬黑 T 游离出来,溶液呈现游离铬黑 T 的蓝色。因此,达到终点时,溶液的颜色由紫色变为亮蓝色。

样品中含铁离子 30mg/L 时,可在临滴定前加入 250mg 氰化钠或数毫升三乙醇胺掩蔽,氰化物使锌、铜、钴的干扰减至最小,三乙醇胺能减少铝的干扰。注意加氰化钠前须保证溶液呈碱性。当样品正磷酸盐含量超出 1mg/L 时,在滴定 pH 值条件下,会产生钙的沉淀物。如滴定速度太慢或钙含量超出 100mg/L,会析出碳酸钙沉淀。如上述干扰未能消除或存在铝、钡、铅、锰等离子,须采用原子吸收分光光度法测定。

5.4.3 仪器

① 碱式滴定管：50mL 或 25mL。

② 锥形瓶：250mL。

③ 实验室常规仪器。

5.4.4 试剂

5.4.4.1 NH₃-NH₄Cl 缓冲溶液（pH=10）

称取 1.25g EDTA 二钠镁和 16.9g 氯化铵溶于 143mL 氨水中，用水稀释至 250mL。

如无 EDTA 二钠镁，可先将 16.9g 氯化铵溶于 143mL 氨水中。另取 0.78g 硫酸镁（$MgSO_4 \cdot 7H_2O$）和 1.179g 二水合 EDTA 二钠（Na_2EDTA）溶于 50mL 水，加入 2mL 配好的氯化铵的氨水溶液和 0.2g 左右的铬黑 T 指示剂干粉。此时溶液应显紫红色，如出现蓝色，应再加入极少量的硫酸镁使它变成紫红色。逐滴加入 EDTA 二钠，溶液由紫红转变蓝色为止（切勿过量）。将两液合并，加蒸馏水定容至 250mL。如果合并后溶液又转变为紫色，在计算结果时应做空白校正。

5.4.4.2 钙标准溶液：c= 10mmol/L

预先将碳酸钙在 150℃干燥 2h，称取 1.001g 置于锥形瓶中，用水湿润。逐滴加入 4mol/L 盐酸至碳酸钙完全溶解。加入 200mL，煮沸数分钟驱除二氧化碳，冷至室温，加入数滴甲基红指示剂（0.1g 甲基红溶于 100mL 60% 的乙醇中）。逐滴加入 3mol/L 氨水直至变为橙色，移入容器瓶中定容至 1000mL。

5.4.4.3 EDTA 标准滴定溶液：c=10mmol/L

称取 3.725g EDTA 于 80℃下干燥 2h，并将冷却至室温的 EDTA 溶于水中，在容量瓶中稀释至 1000mL，存放在聚乙烯瓶中。

标定：按照测定步骤操作方法，用 20.00mL 钙标准溶液稀释至 50.00mL 标定 EDTA 溶液。

浓度计算：EDTA 溶液的浓度（c_1），以 mmol/L 表示，用下式计算。

$$c_1 = \frac{c_2 V_2}{V_1} \tag{5-5}$$

式中 c_2——钙标准溶液浓度，mmol/L；

     V_2——钙标准溶液体积，mL；

     V_1——消耗 EDTA 溶液的体积，mL。

5.4.4.4 铬黑 T 指示剂

将 0.5g 铬黑 T（又称媒染墨11）溶于 100mL 三乙醇胺，可最多用 25mL 乙醇代替三乙醇胺以减少溶液的黏性，盛放在棕色瓶里（或配成铬黑指示剂干粉：称取

0.5g 铬黑 T 与 100g 氯化钠充分研细、混匀，盛放在棕色瓶中，塞紧瓶塞）。

5.4.4.5 甲基红指示剂

0.1g 甲基红溶于 100mL 60％的乙醇中。

5.4.5 测定步骤

5.4.5.1 采样

水样应用玻璃瓶或聚乙烯瓶采集，采集后应于 24h 内完成测定，否则每升水样中应加入 2mL 硝酸使 pH≤2。

5.4.5.2 样品测定

吸取 50.00mL 水样置于 250mL 锥形瓶中，加 4mL NH_3-NH_4Cl 缓冲溶液和 3 滴铬黑 T 指示剂，立即用 EDTA 标准滴定溶液滴定，开始滴定时速度较快，接近终点时宜稍慢，并充分摇匀，滴定至紫色消失刚出现蓝色即为终点。整个滴定过程应在 5min 内完成。记录消耗 EDTA 溶液的用量。

5.4.6 结果处理

$$总硬度(CaCO_3,mg/L)=\frac{c_1 \times V_1}{V_0} \qquad (5\text{-}6)$$

式中　c_1——EDTA 标准溶液浓度，mmol/L；

　　　V_1——消耗的 EDTA 溶液的体积，mL；

　　　V_0——水样体积，mL。

5.4.7 注意事项

① 缓冲溶液在夏天长期存放或经常打开瓶塞，将引起氨水浓度降低，使 pH 值下降。若水样在滴定过程中，加入明显过量的 EDTA 后不容易变蓝色，这时应调节溶液 pH 值或更换缓冲溶液。

② 如果水样中镁离子太少，则当水中的钙离子还未被滴定到终点时，Ca-铬黑 T 就大部分解离了，结果使指示剂变色不敏锐，无法判断终点，加入镁盐可使含盐较低的水样在滴定时终点更敏锐。

③ 应在白天或日光灯下滴定，钨丝灯光使终点呈紫色，不宜使用。

④ 为防止碳酸钙或氢氧化镁在碱性溶液中沉淀，滴定时所取的 50mL 水样中钙和镁的总量不超过 3.6mmol/L。加入缓冲溶液后，必须立刻滴定，并在 5min 内完成。在到达终点之前，每加一滴标准滴定溶液，都应充分摇匀，最好每滴间隔 2～3s。

⑤ 配合反应速度较慢，因此滴定速度不宜过快，尤其临近终点，更应缓慢滴定，并充分摇动。若室温太低，应将溶液略加热至 30～40℃。

⑥ 如果水样的总硬度太低，滴定水样可加倍移取，但缓冲液及指示剂的加入量也应相应加倍。

5.5 pH值的测定——玻璃电极法

本方法以玻璃电极作指示电极，以饱和甘汞电极作参比电极，以 pH 值为 4、7 或 9 标准缓冲液定位，测定水样的 pH 值。

适用于饮用水、地面水和工业废水的 pH 值测定。

5.5.1 实验目的

① 了解 pH 值的基本概念。
② 掌握 pH 值的测定方法。

5.5.2 仪器

① 酸度计：测量范围在 pH 值为 0~14，读数精度≤0.02。
② 玻璃电极，等电位点在 pH 值为 7 左右。
③ 饱和甘汞电极。
④ 温度计：测量范围在 0~100℃。
⑤ 塑料杯：50mL。

5.5.3 试剂

5.5.3.1 pH值为4的标准缓冲液

准确称取 10.21g 邻苯二甲酸氢钾（$KHC_8H_4O_4$），溶于试剂水并定容至 1L。由于此溶液稀释效应小，称量前不必干燥。此溶液放置几周后会变质，加入少许微溶性酚或其化合物（如百里酚）作防霉剂即可防止此现象发生。

5.5.3.2 pH值为7的标准缓冲液

分别准确称取 3.50g 经（120±10）℃干燥 2h 并冷却至室温的优级纯无水磷酸氢二钠（Na_2HPO_4）及 3.40g 优级纯磷酸氢二钾（K_2HPO_4），一起溶于试剂水并定容至 1L。配好的溶液应避免被大气中的二氧化碳污染。存放时间为 6 周。

5.5.3.3 pH值为9的标准缓冲液

准确称取 3.81g 优级纯硼砂（$Na_2B_4O_7 \cdot 10H_2O$），溶于无二氧化碳的试剂水中并定容至 1L。配好的溶液应尽可能避免被大气中的二氧化碳污染。存放时间为 6 周。

上述标准缓冲液在不同条件下的 pH 值如表 5-1 所示。

表 5-1　标准缓冲液在不同条件下的 pH 值

温度/℃	邻苯二甲酸氢钾	中性磷酸盐	硼砂
5	4.01	6.95	9.39
10	4.00	6.92	9.33
15	4.00	6.90	9.27
20	4.00	6.88	9.22
25	4.01	6.86	9.18
30	4.01	6.85	9.14
35	4.02	6.84	9.10
40	4.03	6.84	9.07
45	4.04	6.83	9.04
50	4.06	6.83	9.01
55	4.07	6.84	8.99
60	4.09	6.84	8.96

5.5.4　测定步骤

5.5.4.1　电极的准备

① 新玻璃电极或久置不用的玻璃电极，应先置于 pH 值为 4 的标准缓冲液中浸泡一昼夜。使用完毕，亦应放在上述溶液中浸泡，不要放在试剂水中长期浸泡。使用过程中若发现有油渍污染，在 0.1mol/L 盐酸、0.1mol/L 氢氧化钠、0.1mol/L 盐酸中循环浸泡各 5min，用试剂水洗净后，再在 pH 值为 4 的标准缓冲液里浸泡。

② 饱和氯化钾电极使用前最好浸泡在由饱和氯化钾溶液稀释 10 倍的稀溶液中，贮存时把上端的注水口塞紧，使用时则打开。应经常注意注入氯化钾饱和溶液至一定位置。

5.5.4.2　仪器的校正

仪器开启半小时后，按说明书的规定，进行调零、温度补偿和满刻度校正等操作步骤。

5.5.4.3　pH 定位

根据具体情况，先选择下列一种方法定位。

（1）**单点定位**　选用一种 pH 值与被测水样相接近的标准缓冲液。定位前先用试剂水冲洗电极及塑料杯两次以上。然后用干净滤纸将电极底部的水滴轻轻吸干（勿用滤纸擦拭，以免电极底部带静电导致读数不稳定）。将定位缓冲液倒入烧杯中浸入电极，稍摇动塑料杯数秒钟。测量水样温度（要求与定位缓冲液温度一致），查出该温度下定位缓冲液的 pH 值，将仪器定位至该 pH 值。重复调零、校正及定位 1~2次，直至稳定为止。

（2）**两点定位**　先取 pH 值为 7 的标准缓冲液依上法定位。电极冲洗干净后，将另一定位标准缓冲液（若被测水样为酸性，选用 pH 值为 4 的缓冲液；若为碱性，选用 pH 值为 9 的缓冲液）倒入塑料杯内，电极底部水滴用滤纸轻轻吸干后，把电极浸入杯内，稍摇动数秒钟，按下读数开关。调整斜率旋钮使读数显示该测试温度下第二定位缓冲液的 pH 值。重复 1～2 次两点定位操作至稳定为止。

（3）**三点回归定位** 洗净三个塑料杯，分别置入 pH 值为 4、7、9 的标准缓冲液。取其中一个先单点定位后，再测定另两个标准缓冲液的 pH 值。把三个标准缓冲液在测试温度下的标准值与相应的 pH 读数值在计算器上进行回归贮存。若三个读数值求出的回归值与标准值相差都不大于 0.02pH 单位，可认为仪器及电极正常，可进行水样的 pH 值测定。

5.5.4.4 水样的 pH 值测定

将塑料杯及电极用试剂水冲洗后，再用被测水样冲洗两次以上，然后，浸入电极并进行 pH 值测定，记下读数。

5.5.5 计算

若为单点定位或两点定位，pH 读数值就是测定值。

若为三点回归定位，则以三点回归定位所测得的回归方程求出水样 pH 读数值的回归值作为测定值。

5.5.6 允许差

测定水样 pH 值的允许差见表 5-2。

表 5-2 测定水样 pH 值的允许差

水样类型	室内允许差 T_2	室间允许差 T_2	标准允许差 T_2
天然水、冷却水、污水	0.10	0.10	0.05
锅炉水	0.20	0.20	0.10

5.5.7 注意事项

① 最好现场测定。否则，应在 0～4℃条件下保存，并在 6h 内测定。

② 测定水样 pH 值时，玻璃电极的球泡应完全浸入待测溶液中，并使其稍高于甘汞电极的陶瓷芯端，以免搅拌时碰坏。

③ 必须注意玻璃电极的内电极与球泡之间、甘汞电极的内电极和陶瓷芯之间不得有气泡，以防短路。

④ 测定水样 pH 值时，为减少空气和水样中二氧化碳的溶入或挥发，在测定水样之前，不应提前打开水样瓶。

⑤ 甘汞电极中的饱和氯化钾溶液的液面必须高于汞体，在室温下应有少许氯化钾晶体存在，以保证氯化钾溶液是饱和的，但需注意该晶体不宜过多，以防止堵塞与被测溶液的通道。

5.6 溶解氧——碘量法

溶解在水中的分子态氧称为溶解氧。天然水的溶解氧含量取决于水体与大气中氧的平衡，溶解氧的饱和含量和空气中氧的分压、大气压力、水温有密切的关系。清洁地面水溶解氧一般接近于饱和。

由于藻类的生长，溶解氧可能过饱和。水体受有机、无机还原性物质的污染，使溶解氧含量降低。当大气中的氧来不及补充时，水中溶解氧含量逐渐降低，以致趋近于零，此时厌氧繁殖，水质恶化。

测定水中溶解氧常用碘量法及其修正法和氧电极法。清洁水可用碘量法；受污染的地面水和工业废水必须用修正的碘量法或氧电极法。

5.6.1 实验目的

① 掌握碘量法测定水中溶解氧的原理和方法。
② 了解测定溶解氧的意义。

5.6.2 实验原理

水样中加入硫酸锰和碱性碘化钾，水中溶解氧将低价锰氧化成高价锰，生成四价锰的氢氧化物棕色沉淀。加酸后，氢氧化物沉淀溶解并与碘离子反应而释放出游离碘。以淀粉作指示剂，用硫代硫酸钠滴定释放出的碘，可计算溶解氧的含量。反应式如下：

$$MnSO_4 + 2NaOH =\!=\!= Na_2SO_4 + Mn(OH)_2 \downarrow$$
$$2Mn(OH)_2 + O_2 =\!=\!= 2MnO(OH)_2 \downarrow (棕色沉淀)$$
$$MnO(OH)_2 + 2H_2SO_4 =\!=\!= Mn(SO_4)_2 + 3H_2O$$
$$Mn(SO_4)_2 + 2KI =\!=\!= MnSO_4 + K_2SO_4 + I_2$$
$$2Na_2S_2O_3 + I_2 =\!=\!= Na_2S_4O_6 + 2NaI$$

5.6.3 仪器

① 溶解氧瓶。
② 碘量瓶：250mL。
③ 酸式滴定管：25mL。

5.6.4 试剂

5.6.4.1 硫酸锰溶液

称取硫酸锰（480g $MnSO_4 \cdot 4H_2O$ 或 360g $MnSO_4 \cdot H_2O$）溶于纯水中，用纯水

稀释至1000mL。此溶液加至酸化过的碘化钾溶液中，遇淀粉不得产生蓝色。

5.6.4.2　碱性碘化钾溶液

称取500g氢氧化钠溶解于300～400mL纯水中，另称取150g碘化钾（或135g NaI）溶于200mL纯水中，待氢氧化钠溶液冷却后，将两溶液混匀，用水稀释至1000mL。如有沉淀，则放置过夜后，倾出上清液，贮于棕色瓶中。用橡胶塞塞紧，避光保存。此溶液酸化后，遇淀粉应不呈蓝色。

5.6.4.3　（1+5）硫酸溶液

在不断搅拌下，将100mL浓硫酸慢慢加入500mL纯水中。

5.6.4.4　淀粉溶液（$\rho=10g/L$）

称取1g可溶性淀粉，用少量纯水调成糊状，再用刚煮沸的纯水稀释至100mL。冷却后，加入0.1g水杨酸或0.4g氯化锌防腐。

5.6.4.5　重铬酸钾标准溶液 $[c(1/6K_2Cr_2O_7)=0.02500mol/L]$

称取于105～110℃烘干2h并冷却的重铬酸钾1.2258g，溶于纯水，移入1000mL容量瓶中，用纯水稀释至标线，摇匀。

5.6.4.6　硫代硫酸钠溶液（$\rho=6.2g/L$）

称取6.2g硫代硫酸钠（$Na_2S_2O_3 \cdot 5H_2O$）溶于煮沸放冷的纯水中，加入0.2g碳酸钠，用纯水稀释至1000mL，贮于棕色瓶中。使用前用0.02500mol/L重铬酸钾标准溶液标定。

标定方法：于250mL碘量瓶中，加入100mL蒸馏水和1g碘化钾，加入10.00mL 0.02500mol/L重铬酸钾标准溶液、5mL（1+5）硫酸溶液，加塞、摇匀。于暗处静置5min后，用待标定的硫代硫酸钠溶液滴定至溶液呈淡黄色，加入1mL淀粉溶液，继续滴定至蓝色刚好褪去为止，记录用量。

$$c=\frac{10.00\times0.02500}{V} \tag{5-7}$$

式中　c——硫代硫酸钠溶液的浓度，mol/L；

　　　V——滴定时消耗硫代硫酸钠溶液的体积，mL。

5.6.5　测定步骤

① 将洗净的250mL碘量瓶用待测水样荡洗3次。用虹吸法取水样注满碘量瓶，迅速盖紧瓶盖，瓶中不能留有气泡，平行做3份水样。

② 取下瓶盖，用吸管插入溶解氧瓶的液面下，加入1mL硫酸锰溶液、2mL碱性碘化钾溶液，盖好瓶盖，颠倒混合数次，静置。待棕色沉淀物下降到瓶内一半时，再颠倒混合数次，继续静置，待棕色沉淀物下降到瓶底后，轻轻打开瓶塞，立即用吸管插入液面下加入2.0mL硫酸。小心盖好瓶盖，颠倒混合摇匀，至沉淀物全部溶解为止，放置暗处5min。

③ 从每个碘量瓶内取出 2 份 100.0mL 水样于 250mL 锥形瓶中，用硫代硫酸钠溶液滴定至呈淡黄色，加入 1mL 淀粉溶液，继续滴定至蓝色刚好褪去为止，记录硫代硫酸钠溶液用量。

5.6.6 结果处理

$$溶解氧（以 O_2 计, mg/L）= \frac{c \times V \times 8 \times 1000}{100} \tag{5-8}$$

式中 c——硫代硫酸钠溶液的浓度，mol/L；

V——滴定时消耗硫代硫酸钠溶液的体积，mL。

5.6.7 注意事项

① 采样时避免产生气泡，不能与空气接触。

② 采样后，应立即分析，若现场测定有困难，应添加保存剂，尽快送往实验室进行分析。

③ 如果水样中含有氧化性物质（如游离氧大于 0.1mg/L 时），应预先于水样中加入硫代硫酸钠除去该物质。即用两个溶解氧瓶各取一瓶水样，在其中一瓶加入 5mL(1+5) 硫酸和 1g 碘化钾，摇匀，此时游离出碘。以淀粉作指示剂，用硫代硫酸钠滴定至蓝色刚好褪去，记下用量（相当于去除游离氧的量）。于另一瓶水样中，加入同样量的硫代硫酸钠，摇匀后，按操作步骤测定，以消除游离氧的影响。

④ 如果水样呈现强酸性或强碱性，可用氢氧化钠或硫酸调节至中性后测定。

5.7 高锰酸盐指数的测定——高锰酸盐法

高锰酸盐指数是指在一定条件下，以高锰酸钾（$KMnO_4$）为氧化剂，氧化水样中的某些有机及无机还原性物质，根据所消耗的高锰酸盐的量计算消耗的氧气的量。高锰酸盐指数是反映水体中有机及无机可氧化物质污染的常用指标。高锰酸盐指数不能作为理论需氧量或总有机物含量的指标，因为在规定的条件下，许多有机物只能部分被氧化，易挥发的有机物也不包含在测定值之内。

5.7.1 实验目的

掌握酸性法测定高锰酸盐指数的方法及原理。本方法适用于饮用水、水源水和地面水的测定，测定范围为 0.5～4.5mg/L。对污染较重的水，可取少量水样，经适当稀释后测定。本方法不适用于测定工业废水中有机污染的负荷量，如需测定，可用重铬酸钾法测定化学需氧量。

样品中无机还原性物质如 NO_2^-、S^{2-} 和 Fe^{2+} 等可被测定。氯离子浓度高于 300mg/L 时，需采用在碱性介质中氧化的测定方法。

5.7.2　实验原理

样品中加入已知量的高锰酸钾和硫酸，在沸水浴中加热 30min，高锰酸钾将样品中的某些有机物和无机还原性物质氧化，反应后加入过量的草酸钠还原剩余的高锰酸钾，再用高锰酸钾标准溶液回滴过量的草酸钠。通过计算得到样品中高锰酸盐指数。

5.7.3　试剂

除另有说明，均使用符合国家标准或专业标准的分析纯试剂和蒸馏水或同等纯度的水，不得使用去离子水。

5.7.3.1　不含还原性物质的水

将 1L 蒸馏水置于全玻璃蒸馏器中，加 10mL 硫酸（5.7.3.3）和少量高锰酸钾溶液（5.7.3.7），蒸馏。弃去 100mL 初馏液，余下馏出液贮于具玻璃塞的敞口瓶中。

5.7.3.2　硫酸（H_2SO_4）

密度为 1.84g/mL。

5.7.3.3　硫酸［（1+3）溶液］

在不断搅拌下，将 100mL 硫酸（5.7.3.2）慢慢加入 300mL 水中。趁热加入数滴高锰酸钾溶液（5.7.3.7）直至溶液出现粉红色。

5.7.3.4　氢氧化钠（500g/L）溶液

称取 50g 氢氧化钠溶于水并稀释至 100mL。

5.7.3.5　草酸钠标准贮备液$\left[c\left(\dfrac{1}{2}Na_2C_2O_4\right)=0.1000mol/L\right]$

称取 0.6705g 经 120℃烘干 2h 并冷却的草酸钠（$Na_2C_2O_4$）溶解于水中。移入 100mL 容量瓶中，用水稀释至标线，混匀，4℃保存。

5.7.3.6　草酸钠标准贮备液$\left[c_1\left(\dfrac{1}{2}Na_2C_2O_4\right)=0.0100mol/L\right]$

吸取 10.00mL 草酸钠标准贮备液（5.7.3.5）于 100mL 容量瓶中，用水稀释至标线，混匀。

5.7.3.7　高锰酸钾标准贮备液$\left[c_2\left(\dfrac{1}{5}KMnO_4\right)\approx0.1mol/L\right]$

称取 3.2g 高锰酸钾溶解于水并稀释至 1000mL。于 90～95℃水浴中加热此溶液 2h，冷却。存放两天后，倾出上清液，贮于棕色瓶中。

5.7.3.8 高锰酸钾标准溶液 $\left[c_3\left(\dfrac{1}{5}KMnO_4\right)\approx0.01mol/L\right]$

吸取 100mL 高锰酸钾标准贮备液（5.7.3.7）于 1000mL 容量瓶中，用水稀释至标线，混匀。此溶液在暗处可保存几个月，使用当天需标定其浓度。

5.7.4 仪器

① 水浴或相当的加热装置：有足够的容积和功率。

② 酸式滴定管，25mL。新的玻璃器皿必须用酸性高锰酸钾溶液清洗干净。

③ 其他实验室常用仪器。

5.7.5 测定步骤

① 吸取 100.0mL 经充分摇动、混合均匀的样品（或分取适量，用水稀释至100mL），置于 250mL 锥形瓶中，加入（5±0.5）mL 硫酸（5.7.3.3），用滴定管加入10.00mL 高锰酸钾溶液（5.7.3.8），摇匀。将锥形瓶置于沸水浴内（30±2）min（水浴沸腾，开始计时）。

② 取出后用滴定管加入 10.00mL 草酸钠溶液（5.7.3.6）至溶液变为无色。趁热用高锰酸钾溶液（5.7.3.8）滴定至刚出现粉红色，并保持 30s 不褪色。记录消耗的高锰酸钾溶液体积。

③ 空白实验：用 100mL 水代替样品，按步骤①、②测定，记录下回滴的高锰酸钾溶液（5.7.3.8）体积。

④ 向空白实验滴定后的溶液中加入 10.00mL 草酸钠溶液（5.7.3.6）。如果需要，将溶液加热至 80℃。用高锰酸钾溶液（5.7.3.8）继续滴定至刚出现粉红色，并保持 30s 不褪色。记录下消耗的高锰酸钾溶液（5.7.3.8）的体积。

5.7.6 结果处理

高锰酸盐指数（I_{Mn}）以单位体积（L）样品消耗氧气的质量（mg）来表示，按式(5-9)计算。

$$I_{Mn}=\dfrac{\left[(10+V_1)\dfrac{10}{V_2}-10\right]\times c\times8\times1000}{100}\tag{5-9}$$

式中 V_1——样品滴定（步骤②）时，消耗高锰酸钾溶液体积，mL；

   V_2——标定（步骤④）时，所消耗高锰酸钾溶液体积，mL；

   c——草酸钠标准溶液（5.7.3.6）的浓度，0.0100mol/L。

如样品经稀释后测定，按式(5-10)计算。

$$I_{Mn}=\dfrac{\left\{\left[(10+V_1)\dfrac{10}{V_2}-10\right]-\left[(10+V_0)\dfrac{10}{V_2}-10\right]\times f\right\}\times c\times8\times1000}{V_3}\tag{5-10}$$

式中　V_0——空白实验（5.7.5.3）时，消耗高锰酸钾溶液体积，mL；

　　　V_3——测定（5.7.5.1、5.7.5.2）时，所取样品体积，mL；

　　　f——稀释样品时，蒸馏水在 100mL 测定用体积内所占比例（例如：10mL 样品用水稀释至 100mL，则 $f = \dfrac{100-10}{100} = 0.9$）。

5.7.7　注意事项

高锰酸盐指数的测定结果与溶液的酸度、高锰酸盐浓度、加热温度和时间及所用蒸馏水的纯度等条件有关。因此，在测定时必须严格遵守操作相关规定，严格控制测定条件，使结果准确。

① 样品保存：采样后要加入硫酸（5.7.3.3），使样品 pH=1～2 并尽快分析。如保存时间超过 6h，则须置于暗处，0～5℃下保存，注意不得超过 2 天。

② 高锰酸钾溶液浓度：其变化对于反应有较大的影响，因此需配制较稳定的高锰酸钾溶液。

③ 酸度维持：高锰酸盐指数测定所采用的酸性高锰酸钾滴定法属于氧化还原反应，反应体系的酸度对整个反应的速度和方向有较大的影响，因此酸度必须适宜，否则将会导致测定结果出现偏差。为保证反应能有效进行，酸性高锰酸钾滴定法要求水样的酸度在 0.5～1.0mol/L 之间，避免使用盐酸、硝酸。

④ 消解：沸水浴的水面要高于锥形瓶内的液面；滴定时温度如低于 60℃，反应速度缓慢，则应加热至 80℃左右；沸水浴温度为 98℃。如在高原地区，报出数据时，需注明水在当地的沸点。

⑤ 反应时间：研究表明，消解时间从 30min 增加到 60min 时，结果增加 4%～10%。因此，反应时需要严格控制时间，保持测试样品消解时间的一致性。

⑥ 高锰酸钾使用量：样品量以加热氧化后残留的高锰酸钾（5.7.3.8）为其加入量的 1/2～1/3 为宜。加热时，如溶液红色褪去，说明高锰酸钾量不够，须重新取样，经稀释后测定。

5.8　五日生化需氧量的测定——稀释与接种法

生化需氧量（BOD）是指在规定的条件下，微生物分解水中的某些可氧化物质，特别是分解有机物的生物化学过程消耗的溶解氧。有机质生物氧化是一个缓慢的过程，需要很长时间才能终结。因此，各国都规定统一采用 5 日、20℃作为生物化学需氧量测定的标准条件，以便作相对比较，这样测得的生物化学需氧量记作 $BOD_5(20℃)$，或只写 BOD_5。

20℃时在 BOD 的测定条件（氧充足、不搅动）下，一般有机物 20 天才能够基本完成在第一阶段的氧化分解过程（完成过程的 99％）。就是说，测定第一阶段的生化需氧量，需要 20 天，这在实际工作中是难以做到的。为此又规定一个标准时间，一般以 5 日作为测定 BOD 的标准时间，因而称之为五日生化需氧量，以 BOD_5 表示。BOD_5 约为 BOD_{20} 的 70％。

5.8.1 实验目的

掌握稀释与接种法测定 BOD_5 的方法及原理。本方法适用于地表水、工业废水和生活污水中 BOD_5 的测定。本方法的检出限为 0.5mg/L，方法的测定下限为 2mg/L，非稀释法和非稀释接种法的测定上限为 6mg/L，稀释与稀释接种法的测定上限为 6000mg/L。

5.8.2 实验原理

通常情况下是指水样充满完全密闭的溶解氧瓶，在 （20±1）℃的暗处培养 5d±4h 或 （2＋5）d±4h ［先在 0～4℃的暗处培养 2d，接着在 （20±1）℃的暗处培养 5d，即培养 （2＋5）d］，分别测定培养前后水样中溶解氧的质量浓度，由培养前后溶解氧的质量浓度之差，计算每升样品消耗的溶解氧量，以 BOD_5 形式表示。

若样品中的有机物含量较多，BOD_5 的质量浓度大于 6mg/L 时，样品需适当稀释后测定；对不含或含微生物少的工业废水，如酸性废水、碱性废水、高温废水、冷冻保存的废水或经过氯化处理的废水等，在测定 BOD_5 时应进行接种，以引进能分解废水中有机物的微生物。当废水中存在难以被一般生活污水中的微生物以正常的速度降解的有机物或含有剧毒物质时，应将驯化后的微生物引入水样中进行接种。

5.8.3 试剂和材料

除另有说明，分析时均使用符合国家标准的分析纯化学试剂。

5.8.3.1 水

实验用水为符合 GB/T 6682—2008 规定的 3 级蒸馏水，且水中铜离子的质量浓度不大于 0.01mg/L，不含有氯或氯胺等物质。

5.8.3.2 接种液

可购买接种微生物用的接种物质，接种液的配制和使用按说明书的要求操作。以下几种水也可以作为接种液。

① 未受工业废水污染的生活污水：化学需氧量不大于 300mg/L，总有机碳不大于 100mg/L。

② 含有城镇污水的河水或湖水。

③ 污水处理厂的出水。

④ 分析含有难降解物质的工业废水时，在其排污口下游适当处取水样作为废水

的驯化接种液。也可取中和或经适当稀释后的废水进行连续曝气，每天加入少量该种废水，同时加入少量生活污水，使适应该种废水的微生物大量繁殖。当水中出现大量的絮状物时，表明微生物已繁殖，可用作接种液。一般驯化过程需 3~8d。

5.8.3.3 盐溶液

（1）**磷酸盐缓冲溶液** 将 8.5g 磷酸二氢钾（KH_2PO_4）、21.8g 磷酸氢二钾（K_2HPO_4）、33.4g 七水合磷酸氢二钠（$Na_2HPO_4 \cdot 7H_2O$）和 1.7g 氯化铵（NH_4Cl）溶于水中，稀释至 1000mL，此溶液在 0~4℃可稳定保存 6 个月。此溶液的 pH 值为 7.2。

（2）**硫酸镁溶液**[$\rho(MgSO_4)$ = 11.0g/L] 将 22.5g 七水合硫酸镁（$MgSO_4 \cdot 7H_2O$）溶于水中，稀释至 1000mL，此溶液在 0~4℃可稳定保存 6 个月，若发现任何沉淀或微生物生长应弃去。

（3）**氯化钙溶液**[$\rho(CaCl_2)$ = 27.6g/L] 将 27.6g 无水氯化钙（$CaCl_2$）溶于水中，稀释至 1000mL，此溶液在 0~4℃可稳定保存 6 个月，若发现任何沉淀或微生物生长应弃去。

（4）**氯化铁溶液**[$\rho(FeCl_3)$ = 0.15g/L] 将 0.25g 六水合氯化铁（$FeCl_3 \cdot 6H_2O$）溶于水中，稀释至 1000mL，此溶液在 0~4℃可稳定保存 6 个月，若发现任何沉淀或微生物生长应弃去。

5.8.3.4 稀释水

在 5~20L 的玻璃瓶中加入一定量的水，控制水温在（20±1）℃，用曝气装置至少曝气 1h，使稀释水中的溶解氧达到 8mg/L 以上。使用前每升水中加入上述四种盐溶液（5.8.3.3）各 1.0mL，混匀，20℃保存。

5.8.3.5 接种稀释水

根据接种液的来源不同，每升稀释水（5.8.3.4）中加入适量接种液（5.8.3.2）：城市生活污水和污水处理厂出水加 1~10mL，河水或湖水加 10~100mL，将接种稀释水存放在（20±1）℃的环境中，当天配制当天使用。接种的稀释水 pH 值为 7.2，BOD_5 应小于 1.5mg/L。

5.8.3.6 盐酸溶液[$c(HCl)$=0.5mol/L]

将 40mL 浓盐酸（HCl）溶于水中，稀释至 1000mL。

5.8.3.7 氢氧化钠溶液[$c(NaOH)$=0.5mol/L]

将 20g 氢氧化钠溶于水中，稀释至 1000mL。

5.8.3.8 亚硫酸钠溶液[$c(Na_2SO_3)$=0.025mol/L]

将 1.575g 亚硫酸钠（Na_2SO_3）溶于水中，稀释至 1000mL。此溶液不稳定，需现用现配。

5.8.3.9 葡萄糖-谷氨酸标准溶液

将葡萄糖（$C_6H_{12}O_6$，优级纯）和谷氨酸（$HOOC—CH_2—CH_2—CHNH_2—$

COOH，优级纯）在 130℃干燥 1h，各称取 150mg 溶于水中，在 1000mL 容量瓶中稀释至标线。此溶液的 BOD_5 为（210±20）mg/L，现用现配。该溶液也可少量冷冻保存，融化后立刻使用。

5.8.3.10 丙烯基硫脲硝化抑制剂$[\rho(C_4H_8N_2S)=1.0g/L]$

溶解 0.20g 丙烯基硫脲（$C_4H_8N_2S$）于 200mL 水中混合，4℃保存，此溶液可稳定保存 14d。

5.8.3.11 乙酸溶液

（1+1）的乙酸溶液。

5.8.3.12 碘化钾溶液$[\rho(KI)=100g/L]$

将 10g 碘化钾（KI）溶于水中，稀释至 100mL。

5.8.3.13 淀粉溶液$[\rho=5g/L]$

将 0.50g 淀粉溶于水中，稀释至 100mL。

5.8.4 仪器

除非另有说明，分析时均使用符合国家 A 级标准的玻璃量器。本方法使用的玻璃仪器须清洁、无毒性。

① 滤膜：孔径为 1.6μm。

② 溶解氧瓶：带水封装置，容积 250～300mL。

③ 稀释容器：1000～2000mL 的量筒或容量瓶。

④ 虹吸管：供分取水样或添加稀释水。

⑤ 溶解氧测定仪。

⑥ 冷藏箱：0～4℃。

⑦ 冰箱：有冷冻和冷藏功能。

⑧ 带风扇的恒温培养箱：（20±1）℃。

⑨ 曝气装置：多通道空气泵或其他曝气装置；曝气可能带来有机物、氧化剂和金属，导致空气污染。如有污染，空气应过滤清洗。

5.8.5 样品

5.8.5.1 采集与保存

样品采集按照 HJ 91.1—2019 的相关规定执行。

采集的样品应充满并密封于棕色玻璃瓶中，样品量不小于 1000mL，在 0～4℃的暗处运输和保存，并 24h 内尽快分析。24h 内不能分析，可冷冻保存（冷冻保存时避免样品瓶破裂），冷冻样品分析前需解冻、均质化和接种。

5.8.5.2 样品的前处理

（1）pH 值调节 若样品或稀释后样品 pH 值不在 6～8 范围内，应用盐酸溶液

(5.8.3.6）或氢氧化钠溶液（5.8.3.7）调节其 pH 值至 6～8。

（2）**余氯和结合氯的去除**　若样品中含有少量余氯，一般在采样后放置 1～2h，游离氯即可消失。对在短时间内不能消失的余氯，可加入适量亚硫酸钠溶液去除样品中存在的余氯和结合氯，加入的亚硫酸钠溶液的量由下述方法确定。

取已中和好的水样 100mL，加入乙酸溶液（5.8.3.11）10mL、碘化钾溶液（5.8.3.12）1mL，混匀，暗处静置 5min。用亚硫酸钠溶液滴定析出的碘至淡黄色，加入 1mL 淀粉溶液（5.8.3.13）呈蓝色。再继续滴定至蓝色刚刚褪去，即为终点，记录所用亚硫酸钠溶液体积，由亚硫酸钠溶液消耗的体积，计算出水样中应加亚硫酸钠溶液的体积。

（3）**样品均质化**　含有大量颗粒物、需要较大稀释倍数的样品或经冷冻保存的样品，测定前均需将样品搅拌均匀。

（4）**样品中有藻类**　若样品中有大量藻类存在，BOD_5 的测定结果会偏高。当分析结果精度要求较高时，测定前应用滤孔为 $1.6\mu m$ 的滤膜过滤，检测报告中注明滤膜滤孔的大小。

（5）**含盐量低的样品**　若样品含盐量低，非稀释样品的电导率小于 $125\mu S/cm$ 时，需加入适量相同体积的四种盐溶液（5.8.3.3），使样品的电导率大于 $125\mu S/cm$。每升样品中至少需加入各种盐的体积 V 按式(5-11) 计算：

$$V=(\Delta K-12.8)/113.6 \tag{5-11}$$

式中　V——需加入各种盐的体积，mL；

ΔK——样品需要提高的电导率值，$\mu S/cm$。

5.8.6　测定步骤

5.8.6.1　非稀释法

非稀释法分为两种情况：非稀释法和非稀释接种法。

如样品中的有机物含量较少，BOD_5 的质量浓度不大于 6mg/L，且样品中有足够的微生物，用非稀释法测定。若样品中的有机物含量较少，BOD_5 的质量浓度不大于 6mg/L，但样品中无足够的微生物，如酸性废水、碱性废水、高温废水、冷冻保存的废水或经过氯化处理的废水等，采用非稀释接种法测定。

（1）**试样的准备**

① 待测试样。测定前待测试样的温度达到（20±2）℃，若样品中溶解氧浓度低，需要用曝气装置曝气 15min，充分振摇赶走样品中残留的空气泡；若样品中氧过饱和，将容器 2/3 体积充满样品，用力振荡赶出过饱和氧，然后根据试样中微生物含量情况确定测定方法。非稀释法可直接取样测定；非稀释接种法，每升试样中加入适量的接种液（5.8.3.2），待测定。若试样中含有硝化细菌，有可能发生硝化反应，需在每升试样中加入 2mL 丙烯基硫脲硝化抑制剂（5.8.3.10）。

② 空白试样。非稀释接种法，每升稀释水中加入与试样中相同量的接种

液（5.8.3.2）作为空白试样，需要时每升试样中加入 2mL 丙烯基硫脲硝化抑制剂（5.8.3.10）。

（2）试样的测定

① 碘量法测定试样中的溶解氧。将试样 [5.8.6.1(1)①] 充满两个溶解氧瓶，使试样少量溢出，防止试样中的溶解氧质量浓度改变，使瓶中存在的气泡靠瓶壁排出。将一瓶盖上瓶盖，加上水封，在瓶盖外罩上一个密封罩，防止培养期间水封水蒸发干，在恒温培养箱中培养 5d±4h 或 （2+5)d±4h 后测定试样中溶解氧的质量浓度。另一瓶 15min 后测定试样在培养前溶解氧的质量浓度。

溶解氧的测定按 GB/T 7489—87 进行操作。

② 电化学探头法测定试样中的溶解氧。将试样 [5.8.6.1(1)①] 充满一个溶解氧瓶，使试样少量溢出，防止试样中的溶解氧质量浓度改变，使瓶中存在的气泡靠瓶壁排出。测定培养前试样中的溶解氧的质量浓度。

盖上瓶盖，防止样品中残留气泡，加上水封，在瓶盖外罩上一个密封罩，防止培养期间水封水蒸发干。将试样瓶放入恒温培养箱中培养 5d±4h 或 （2+5)d±4h。测定培养后试样中溶解氧的质量浓度。

溶解氧的测定按 HJ 506—2009 进行操作。

空白试样的测定方法同 [5.8.6.1(2)①或②]。

5.8.6.2 稀释与接种法

稀释与接种法分为两种情况：稀释法和稀释接种法。

若试样中的有机物含量较多，BOD_5 的质量浓度大于 6mg/L，且样品中有足够的微生物，采用稀释法测定；若试样中的有机物含量较多，BOD_5 的质量浓度大于 6mg/L，但试样中无足够的微生物，采用稀释接种法测定。

（1）试样的准备

① 待测试样。待测试样的温度达到 （20±2)℃，若试样中溶解氧浓度低，需要用曝气装置曝气 15min，充分振摇赶走样品中残留的气泡；若样品中氧过饱和，将容器的 2/3 体积充满样品，用力振荡赶出过饱和氧，然后根据试样中微生物含量情况确定测定方法。稀释法测定，稀释倍数按表 5-3 和表 5-4 方法确定，然后用稀释水（5.8.3.4）稀释。稀释接种法测定，用接种稀释水（5.8.3.5）稀释样品。若样品中含有硝化细菌，有可能发生硝化反应，需在每升试样培养液中加入 2mL 丙烯基硫脲硝化抑制剂（5.8.3.10）。

稀释倍数的确定：样品稀释的程度应使消耗的溶解氧质量浓度不小于 2mg/L，培养后样品中剩余溶解氧质量浓度不小于 2mg/L，且试样中剩余的溶解氧的质量浓度为开始浓度的 1/3～2/3 为最佳。

稀释倍数可根据样品的总有机碳（TOC）、高锰酸盐指数（I_{Mn}）或化学需氧量（COD_{Cr}）的测定值，按照表 5-3 列出的 BOD_5 与总有机碳（TOC）、高锰酸盐指数（I_{Mn}）或化学需氧量（COD_{Cr}）的比值 R 估计 BOD_5 的期望值（R 与样品的类型有关），再根据表 5-4 确定稀释倍数。当不能准确地选择稀释倍数时，一个样品做 2～3 个不同的稀释倍数。

表 5-3　典型的比值 R

水样的类型	总有机碳 $R(BOD_5/TOC)$	高锰酸盐指数 $R(BOD_5/I_{Mn})$	化学需氧量 $R(BOD_5/COD_{Cr})$
未处理的废水	1.2～2.8	1.2～1.5	0.35～0.65
生化处理的废水	0.3～1.0	0.5～1.2	0.20～0.35

由表 5-3 中选择适当的 R 值，按式（5-12）计算 BOD_5 的期望值：

$$\rho = RY \tag{5-12}$$

式中　ρ——五日生化需氧量浓度的期望值，mg/L；

　　　Y——总有机碳（TOC）、高锰酸盐指数（I_{Mn}）或化学需氧量（COD_{Cr}）的值，mg/L。

由估算出的 BOD_5 的期望值，按表 5-4 确定样品的稀释倍数。

表 5-4　BOD_5 测定的稀释倍数

BOD_5 的期望值/（mg/L）	稀释倍数	水样类型
6～12	2	河水，生物净化的城市污水
10～30	5	河水，生物净化的城市污水
20～60	10	生物净化的城市污水
40～120	20	澄清的城市污水或轻度污染的工业废水
100～300	50	轻度污染的工业废水或原城市污水
200～600	100	轻度污染的工业废水或原城市污水
400～1200	200	重度污染的工业废水或原城市污水
1000～3000	500	重度污染的工业废水
2000～6000	1000	重度污染的工业废水

按照确定的稀释倍数，将一定体积的试样或处理后的试样用虹吸管加入已加部分稀释水或接种稀释水的稀释容器中，加稀释水或接种稀释水至刻度，轻轻混合避免残留气泡，待测定。若稀释倍数超过 100 倍，可进行两步或多步稀释。

若试样中有微生物毒性物质，应配制几个不同稀释倍数的试样，选择与稀释倍数无关的结果，并取其平均值。试样测定结果与稀释倍数的关系确定如下：

当分析结果精度要求较高或存在微生物毒性物质时，一个试样要做两个以上不同的稀释倍数，每个试样每个稀释倍数做平行双样同时进行培养。测定培养过程中每瓶试样氧的消耗量，并画出氧消耗量对每一稀释倍数试样中原样品的体积曲线。

若此曲线呈线性，则此试样中不含有任何抑制微生物的物质，即样品的测定结果与稀释倍数无关；若曲线仅在低浓度范围内呈线性，取线性范围内稀释比的试样测定结果计算平均 BOD_5 值。

② 空白试样。稀释法测定，空白试样为稀释水（5.8.3.4），必要时每升稀释水中加入 2mL 丙烯基硫脲硝化抑制剂（5.8.3.10）。

稀释接种法测定，空白试样为接种稀释水（5.8.3.5），必要时每升接种稀释水中加入 2mL 丙烯基硫脲硝化抑制剂（5.8.3.10）。

（2）试样的测定 试样和空白试样的测定方法［5.8.6.1(2)①或②］。

5.8.7 结果计算

5.8.7.1 非稀释法

非稀释法按式(5-13)计算样品 BOD_5 的测定结果：

$$\rho = \rho_1 - \rho_2 \tag{5-13}$$

式中　ρ——五日生化需氧量质量浓度，mg/L；

ρ_1——水样在培养前的溶解氧质量浓度，mg/L；

ρ_2——水样在培养后的溶解氧质量浓度，mg/L。

5.8.7.2 非稀释接种法

非稀释接种法按式(5-14)计算样品 BOD_5 的测定结果：

$$\rho = (\rho_1 - \rho_2) - (\rho_3 - \rho_4) \tag{5-14}$$

式中　ρ——五日生化需氧量质量浓度，mg/L；

ρ_1——接种水样在培养前的溶解氧质量浓度，mg/L；

ρ_2——接种水样在培养后的溶解氧质量浓度，mg/L；

ρ_3——空白样在培养前的溶解氧质量浓度，mg/L；

ρ_4——空白样在培养后的溶解氧质量浓度，mg/L。

5.8.7.3 稀释与接种法

稀释法与稀释接种法按式(5-15)计算样品 BOD_5 的测定结果：

$$\rho = \frac{(\rho_1 - \rho_2) - (\rho_3 - \rho_4)f_1}{f_2} \tag{5-15}$$

式中　ρ——五日生化需氧量质量浓度，mg/L；

ρ_1——接种稀释水样在培养前的溶解氧质量浓度，mg/L；

ρ_2——接种稀释水样在培养后的溶解氧质量浓度，mg/L；

ρ_3——空白样在培养前的溶解氧质量浓度，mg/L；

ρ_4——空白样在培养后的溶解氧质量浓度，mg/L；

f_1——接种稀释水或稀释水在培养液中所占的比例；

f_2——原样品在培养液中所占的比例。

BOD_5 测定结果以氧的质量浓度（mg/L）报出。对稀释与接种法，如果有几个稀释倍数的结果满足要求，结果取这些稀释倍数结果的平均值。结果小于 100mg/L，保留一位小数；100～1000mg/L，取整数位；大于 1000mg/L 以科学计数法报出。结果报告中应注明：样品是否经过过滤、冷冻或均质化处理。

5.8.8 质量控制

5.8.8.1 空白试样

每一批样品做两个空白试样分析，稀释法空白试样的测定结果不能超过 0.5mg/L，非稀释接种法和稀释接种法空白试样的测定结果不能超过 1.5mg/L，否则应检查可能的污染来源。

5.8.8.2 接种液、稀释水质量的检查

每一批样品要求做一个标准样品，样品的配制方法如下：取 2mL 葡萄糖-谷氨酸标准溶液（5.8.3.9）于稀释容器中，用接种稀释水（5.8.3.5）稀释至 1000mL，测定 BOD_5，结果应在 180～230mg/L 范围内，否则应检查接种液、稀释水的质量。

5.8.8.3 平行样品

每一批样品至少做一组平行样，计算相对百分偏差 RP。当 BOD_5 小于 3mg/L 时，RP 值应≤15%；当 BOD_5 为 3～100mg/L 时，RP 值应≤20%；当 BOD_5 大于 100mg/L 时，RP 值应≤25%。计算公式如下：

$$RP = \frac{\rho_1 - \rho_2}{\rho_1 + \rho_2} \times 100\% \tag{5-16}$$

式中　RP——相对百分偏差；

ρ_1——第一个样品 BOD_5 的质量浓度，mg/L；

ρ_2——第二个样品 BOD_5 的质量浓度，mg/L。

5.8.9 精密度和准确度

非稀释法在实验室中的重现性标准偏差为 0.10～0.22mg/L，再现性标准偏差为 0.26～0.85mg/L。稀释法和稀释接种法的对比测定结果重现性标准偏差为 11mg/L，再现性标准偏差为 3.7～22mg/L。

5.8.10 注意事项

① 测定 BOD_5 的水样，应充满并密封于瓶中，在 1～4℃下保存。一般应在 6h 内分析。

② 培养过程中需注意溶解氧瓶的上封液。

③ 稀释水在曝气的过程中应防止污染，特别是防止带入有机物、金属、氧化物或还原物。

④ 稀释水中氧的质量浓度不能过饱和，使用前需开口放置 1h，且应在 24h 内使用。剩余的稀释水应弃去。

⑤ 本方法适用于 BOD_5 大于或等于 2mg/L，且不超过 6000mg/L 的水样，当水样 BOD_5 大于 6000mg/L 时，会因稀释带来一定误差。

5.9 化学需氧量的测定——快速消解分光光度法

化学需氧量（chemical oxygen demand，COD）是指采用化学氧化剂氧化水中有机物和还原性无机物所需消耗的氧的量，单位为 mg/L。在 COD 的测定过程中，无论有机物能否被生物所降解，它都被氧化剂氧化成了二氧化碳和水。因此 COD 一般要大于 BOD。COD 测定的最大缺点就是它不能对生物可降解与生物不可降解的有机质进行区分，而且它不能提供可降解有机物在天然条件下达到稳定状态的任何速度信息。其优点是测定所需的时间短，只需要三个小时，因此在很多情况下都用 COD 来代替 BOD。

5.9.1 实验目的

掌握快速消解分光光度法测定 COD 的方法及原理。

5.9.2 实验原理

水样中加入已知量的重铬酸钾溶液，在强硫酸介质中，以硫酸银作为催化剂，经高温消解后，用分光光度法测定 COD 值。当试样中 COD 值为 $100\sim1000\text{mg/L}$ 时，在（600 ± 20）nm 波长处测定重铬酸钾被还原产生的三价铬的吸光度，试样中 COD 值与三价铬的吸光度的增加值成正比关系，将三价铬的吸光度换算成试样的 COD 值。当试样中 COD 值为 $15\sim250\text{mg/L}$ 时，在（440 ± 20）nm 波长处测定重铬酸钾未被还原的六价铬和被还原产生的三价铬的两种铬离子的总吸光度，试样中 COD 值与六价铬的吸光度减少值成比例，与三价铬的吸光度的增加值呈正比关系，与总吸光度减少值成正比例，将总吸光度值换算成试样的 COD 值。

5.9.3 仪器

5.9.3.1 消解管

消解管应由耐酸玻璃制成，在 165℃温度下能承受 600kPa 的压力，管盖应耐热耐酸，使用前所有的消解管和管盖应无任何的破损或裂纹。当消解管作为比色管进行光度测定时，应从一批消解管中随机选取 $5\sim10$ 支，加入 5mL 水，在选定的波长处测定其吸光度值，吸光度值的差值应在 ±0.005 之内。

5.9.3.2 加热器

加热器应具有自动恒温加热、计时鸣叫等功能，有透明且通风的防消解液飞溅的防护盖。加热后应在 10min 内达到设定的（165 ± 2）℃温度，为保证消解反应液在消解管内有充分的加热消解和冷却回流，加热孔深度一般不低于或高于消解管内消解反应液高度 5mm。

5.9.3.3 可见分光光度计

配 10mm 比色皿。

5.9.3.4 可见光度计

在测定波长处，用固定长方形比色皿（池）测定 COD 值的光度计或用消解比色管测定 COD 值的光度计。宜选用消解比色管测定 COD 的专用分光光度计。

5.9.3.5 消解管支架

不擦伤消解比色管光度测量的部位，方便消解管的放置和取出，耐 165℃高温的支架。

5.9.3.6 其他实验仪器

A 级吸量管、容量瓶和量筒。

5.9.4 试剂

5.9.4.1 重铬酸标准钾溶液$[c(1/6K_2Cr_2O_7)=0.500mol/L]$

将重铬酸钾（优级纯）在（120±2）℃下干燥至恒重后，称取 24.5154g 重铬酸钾置于烧杯中，加入 600mL 水，搅拌下慢慢加入 100mL 浓硫酸，溶解冷却后，转移此溶液于 1000mL 容量瓶中，用水稀释至标线，摇匀。溶液可稳定保存 6 个月。

5.9.4.2 重铬酸钾标准溶液$[c(1/6K_2Cr_2O_7)=0.160mol/L]$

重铬酸钾（优级纯）在（120±2）℃下干燥至恒重后，称取 7.8449g 重铬酸钾置于烧杯中，加入 600mL 水，搅拌下慢慢加入 100mL 浓硫酸，溶解冷却后，转移此溶液于 1000mL 容量瓶中，用水稀释至标线，摇匀。溶液可稳定保存 6 个月。

5.9.4.3 重铬酸钾标准溶液$[c(1/6K_2Cr_2O_7)=0.120mol/L]$

将重铬酸钾（优级纯）在（120±2）℃下干燥至恒重后，称取 5.8837g 重铬酸钾置于烧杯中，加入 600mL 水，搅拌下慢慢加入 100mL 浓硫酸，溶解冷却后，转移此溶液于 1000mL 容量瓶中，用水稀释至标线，摇匀。溶液可稳定保存 6 个月。

5.9.4.4 硫酸银-硫酸溶液$[\rho(Ag_2SO_4)=10g/L]$

将 5.0g 硫酸银加入到 500mL 浓硫酸中，静置 1～2d，搅拌，使其溶解。

5.9.4.5 硫酸汞溶液$[\rho(HgSO_4)=0.24g/mL]$

将 48.0g 硫酸汞分次加入 200mL（1＋9）硫酸中，搅拌溶解，此溶液可保存 6 个月。

5.9.4.6 预装混合试剂

在一支消解管中，按表 5-5 的要求加入重铬酸钾溶液、硫酸汞溶液和硫酸银-硫酸溶液，拧紧盖子，轻轻摇匀，冷却至室温，避光保存。在使用前应将混合试剂摇匀。预装混合试剂在常温避光条件下，可稳定保存 1 年。

表 5-5　预装混合试剂及方法

测定方法	测定范围/(mg/L)	重铬酸钾溶液用量/mL	硫酸汞溶液用量/mL	硫酸银-硫酸溶液用量/mL	消解管规格
比色皿分光光度法	高量程 100～1000	1.00(5.9.4.1)	0.50	6.00	$\phi20mm\times120mm$ $\phi16mm\times150mm$
	低量程 15～250 或 15～150	1.00 (5.9.4.2)或(5.9.4.3)	0.50	6.00	$\phi20mm\times120mm$ $\phi16mm\times150mm$
比色管分光光度法	高量程 100～1000	1.00 (5.9.4.1)＋(5.9.4.5)(2＋1)		4.00	$\phi16mm\times120mm$ $\phi16mm\times100mm$
	低量程 15～250 或 15～150	1.00 (5.9.4.3)＋(5.9.4.5)(2＋1)		4.00	$\phi16mm\times120mm$ $\phi16mm\times100mm$

1. 比色皿分光光度法的消解管可选用 $\phi20mm\times120mm$ 或 $\phi16mm\times150mm$ 规格的密封管，宜选 $\phi20mm\times120mm$ 规格的密封管；而在非密封条件想消解时应使用 $\phi20mm\times150mm$ 的消解管。

2. 比色管分光光度法的消解管可选用 $\phi20mm\times120mm$ 或 $\phi16mm\times100mm$ 规格的密封消解比色管，宜选 $\phi16mm\times120mm$ 规格的密封消解比色管；而在非密封条件想消解时应使用 $\phi16mm\times150mm$ 的消解管。

3. $\phi16mm\times120mm$ 密封消解比色管冷却效果较好。

5.9.4.7　COD 标准贮备液（COD 值为 5000mg/L）

将基准级或优级纯邻苯二甲酸氢在 105～110℃下干燥至恒重后，称取 2.1274g 邻苯二甲酸氢钾溶于 250mL 水中，转移此溶液于 500mL 容量瓶中，用水稀释至标线，摇匀。此溶液在 2～8℃下贮存或在定容前加入约 10mL(1＋9) 硫酸溶液并常温贮存，可稳定保存 1 个月。

5.9.4.8　COD 标准贮备液（COD 值为 1250mg/L）

量取 50.00mL 浓度为 5000mg/L 的 COD 标准贮备液于 200mL 容量瓶中，用水稀释至标线，摇匀。此溶液在 2～8℃下贮存，可稳定保存 1 个月。

5.9.4.9　COD 标准贮备液（COD 值为 625mg/L）

量取 25.00mL 浓度为 5000mg/L 的 COD 标准贮备液于 200mL 容量瓶中，用水稀释至标线，摇匀。此溶液在 2～8℃下贮存，可稳定保存 1 个月。

5.9.4.10　高量程（测定上限 1000mg/L）COD 标准系列使用液

其 COD 值分别为 100mg/L、200mg/L、400mg/L、600mg/L、800mg/L 和 1000mg/L。分别量取 5.00mL、10.00mL、20.00mL、30.00mL、40.00mL 和 50.00mL 的浓度为 5000mg/L COD 标准贮备液，加入到相应的 250mL 容量瓶中，用水稀释至标线，摇匀。此溶液 COD 值分别为 100mg/L、200mg/L、400mg/L、600mg/L、800mg/L 和 1000mg/L。在 2～8℃下贮存，可稳定保存 1 个月。

5.9.4.11　低量程（测定上限 250mg/L）COD 标准系列使用液

其 COD 值分别为 25mg/L、50mg/L、100mg/L、150mg/L、200mg/L 和 250mg/L。分别量取 5.00mL、10.00mL、20.00mL、30.00mL、40.00mL 和 50.00mL 的浓度为 1250mg/L COD 标准贮备液，加入到相应的 250mL 容量瓶中，用

水稀释至标线，摇匀。此溶液 COD 值分别为 25mg/L、50mg/L、100mg/L、150mg/L、200mg/L 和 250mg/L。在 2～8℃ 下贮存，可稳定保存 1 个月。

5.9.4.12 低量程（测定上限 150mg/L）COD 标准系列使用液

其 COD 值分别为 25mg/L、50mg/L、75mg/L、100mg/L、125mg/L 和 150mg/L。分别量取 10.00mL、20.00mL、30.00mL、40.00mL、50.00mL 和 60.00mL 的浓度为 625mg/L COD 标准贮备液，加入到相应的 250mL 容量瓶中，用水稀释至标线，摇匀。此溶液 COD 值分别为 25mg/L、50mg/L、75mg/L、100mg/L、125mg/L 和 150mg/L。在 2～8℃ 下贮存，可稳定保存 1 个月。

5.9.5 测定步骤

5.9.5.1 水样的采集与保存

水样采集不应少于 100mL，应保存在洁净的玻璃瓶中。采集好的水样应在 24h 内测定，否则应加入（1+9）硫酸调节水样 pH 值小于 2。在 0～4℃ 保存，一般可保存 7d。

5.9.5.2 试样的制备

应将水样在搅拌均匀时取样稀释，一般取被稀释水样不少于 10mL，稀释倍数小于 10 倍。水样应逐次稀释为试样。初步判定水样的 COD 浓度，选择对应量程的预装混合试剂，加入相应体积的试样，摇匀，在（165±2）℃ 下加热 5min，检查管内溶液是否呈现绿色，如变绿应重新稀释后再进行测定。

5.9.5.3 测定条件的选择

宜选用比色管分光光度法测定水样中的 COD 值，预装混合试剂和分析测定的条件见表 5-5 和表 5-6。比色池（皿）分光光度法应选用 ϕ20mm×150mm 规格的消解管，消解时可在非密封条件下进行。比色管分光光度法应选用 ϕ16mm×150mm 规格的消解比色管，消解时可在非密封条件下进行。

表 5-6　分析测定条件

测定方法	测定范围/(mg/L)	试样用量/mL	比色池(皿)或比色管规格	测定波长/nm	检出限/(mg/L)
比色皿分光光度法	高量程 100～1000	3.00	20mm	600±20	22.0
	低量程 15～250 或 15～150	2.00	10mm	440±20	3.0
比色管分光光度法	高量程 100～1000	3.00	ϕ16mm×120mm ϕ16mm×100mm	600±20	33.0
	低量程 15～250 或 15～150	2.00	ϕ16mm×120mm ϕ16mm×100mm	440±20	2.3

注：比色管为密封管，外径 16mm、长 120mm、壁厚 1.3mm 密封消解比色管消解时冷却效果好。

5.9.5.4 标准曲线的绘制

打开加热器，预热到设定的（165±2）℃，选定预装混合试剂，摇匀试剂后再拧开消解管管盖，量取相应体积的 COD 标准系列溶液沿消解管内壁慢慢加入消解管中。拧紧消解管管盖，手执管盖颠倒摇匀消解管中溶液，用无毛纸擦净管外壁。将消解管放入（165±2）℃的加热器的加热孔中，加热器温度略有降低，待温度升到设定的（165±2）℃时，计时加热 15min。待消解管冷却至 60℃ 左右时，手执管盖颠倒摇动消解管几次，使消解管内溶液均匀，用无毛纸擦净管外壁，静置，冷却至室温。

高量程方法在（600±20）nm 波长处，以水为参比，用分光光度计测定吸光度；低量程方法在（440±20）nm 波长处，以水为参比，用分光光度计测定吸光度。高量程 COD 标准系列使用溶液 COD 值对应其测定的吸光度值减去空白实验测定的吸光度值的差值，绘制标准曲线。低量程 COD 标准系列使用溶液 COD 值对应空白实验测定的吸光度值减去其测定的吸光度值的差值，绘制标准曲线。

5.9.5.5 空白实验

用蒸馏水代替试样，按照与绘制标准曲线相同的步骤测定其吸光度值，空白实验应与试样同时测定。

5.9.5.6 试样的测定

按照表 5-5 和表 5-6 的方法的要求选定对应的预装混合试剂，将已稀释好的试样在搅拌均匀时，取相应体积的试样按照与绘制标准曲线相同的步骤进行测定。测定的 COD 值由相应的标准曲线查得或由光度计计算得出。

5.9.6 结果处理

在（600±20）nm 波长处测试时，水样 COD 值的计算：

$$\rho(COD) = n[k(A_s - A_b) + \alpha] \tag{5-17}$$

在（440±20）nm 处测试时，水样 COD 值的计算：

$$\rho(COD) = n[k(A_s - A_b) + \alpha] \tag{5-18}$$

式中　$\rho(COD)$——水样 COD 值，mg/L；

$\quad\quad\quad n$——水样稀释倍数；

$\quad\quad\quad k$——标准曲线灵敏度，mg/L；

$\quad\quad\quad A_s$——试样测定的吸光度值；

$\quad\quad\quad A_b$——空白实验测定的吸光度值；

$\quad\quad\quad \alpha$——标准曲线截距。

5.9.7 注意事项

① 氯离子是主要的干扰成分，水样中含有氯离子会使测定结果偏高，加入适量硫酸汞与氯离子形成可溶性氯化汞配合物，可减少氯离子的干扰，选用低量程方法测

定 COD 值，也可减少氯离子对测定结果的影响。

② 在（600±20）nm 处测试时，Mn(Ⅲ)、Mn(Ⅵ) 或 Mn(Ⅶ) 形成红色物质，会引起正偏差，其 500mg/L 的锰溶液（硫酸盐形式）引起正偏差 COD 值为 1083mg/L，其 50mg/L 的锰溶液（硫酸盐形式）引起正偏差 COD 值为 121mg/L；而在（440±20）nm 处测试时，则 500mg/L 的锰溶液（硫酸盐形式）的影响比较小，引起的偏差 COD 值为 −7.5mg/L，50mg/L 的锰溶液（硫酸盐形式）的影响可忽略不计。

③ 若消解液浑浊或有沉淀，影响比色测定时，应用离心机离心变清后，再用分光光度计测定。若消解液颜色异常或离心后不能变澄清的样品不适用本测定方法。

5.10　水和废水中氨氮的测定——纳氏分光光度法

氨氮含量是地表水环境监测的基本项目，是河流水质监测评价重要项目之一。氨氮是指水中以游离氨和铵离子形式存在的氮。氨氮是水体中的营养素，可导致水富营养化现象产生，是水体中的主要耗氧污染物，对鱼类及某些水生生物有毒害影响。

5.10.1　适用范围

水中氨氮含量的测定方法有多种，例如电极法、水杨酸分光光度法、纳氏试剂分光光度法，由于纳氏试剂分光光度法测定氨氮含量具有操作简单、灵敏度高、分析速度快等优点，因此当前纳氏分光光度法广泛应用于水质氨氮的监测中。

本方法适用于地表水、地下水、生活污水和工业废水中氨氮含量的测定。

当水样体积为 50mL、适用 20mm 比色皿时，本方法的检出限为 0.025mg/L，测定下限为 0.10mg/L，测定上限为 2.0mg/L（均以 N 计）。

5.10.2　方法原理

以游离态的氨或铵离子等形式存在的氨氮与纳氏试剂反应生成淡红棕色配合物，该配合物的吸光度与氨氮含量成正比，于波长 420nm 处测量吸光度。

5.10.3　干扰及消除

水样中含有悬浮物、余氯、钙和镁等金属离子、硫化物和有机物时会产生干扰，含有此类物质时要做适当处理，以消除对测定的影响。

若样品中存在余氯，可加入适量的硫代硫酸钠溶液去除，用淀粉-碘化钾试纸检验余氯是否除尽。在显色时加入适量的酒石酸钾钠溶液，可消除钙镁等金属离子的干扰。若水样浑浊或有颜色时可用预蒸馏法或絮凝沉淀法处理。

5.10.4 试剂和材料

除非另有说明，分析时所用试剂均使用符合国家标准的分析纯化学试剂，实验用水为按第 5.10.4.1 部分制备的水。

5.10.4.1 无氨水，在无氨环境中用下述方法之一制备

（1）**离子交换法** 蒸馏水通过强酸性阳离子交换树脂（氢型）柱，将流出液收集在带有磨口玻璃塞的玻璃瓶内。每升流出液加 10g 同样的树脂，以利于保存。

（2）**蒸馏法** 在 1000mL 的蒸馏水中，加 0.1mL 硫酸(ρ=1.84g/mL)，在全玻璃蒸馏器中重蒸馏，弃去前 50mL 馏出液，然后将约 800mL 馏出液收集在带有磨口玻璃塞的玻璃瓶内。每升馏出液加 10g 强酸性阳离子交换树脂（氢型）。

（3）**纯水器法** 用市售纯水器临用前制备。

5.10.4.2 轻质氧化镁（MgO）

不含碳酸盐，在 500℃下加热氧化镁，以除去碳酸盐。

5.10.4.3 盐酸[ρ(HCl)=1.18g/mL]

5.10.4.4 纳氏试剂，可选择下列方法的一种配制

（1）**氯化汞-碘化钾-氢氧化钾（HgCl₂-KI-KOH）溶液** 称取 15.0g 氢氧化钾(KOH)，溶于 50mL 水中，冷却至室温。称取 5.0g 碘化钾(KI)，溶于 10mL 水中，在搅拌下，将 2.50g 氯化汞($HgCl_2$)粉末分多次加入碘化钾溶液中，直到溶液呈深黄色或出现淡红色沉淀溶解缓慢时，充分搅拌混合，并改为滴加氯化汞饱和溶液，当出现少量朱红色沉淀不再溶解时，停止滴加。

在搅拌下，将冷却的氢氧化钾溶液缓慢加入到上述氯化汞和碘化钾的混合液中，并稀释至 100mL，于暗处静置 24h，倾出上清液，贮于聚乙烯瓶内，用橡胶塞或聚乙烯盖子盖紧，存放暗处，可稳定 1 个月。

（2）**碘化汞-碘化钾-氢氧化钠(HgI₂-KI-NaOH)溶液** 称取 16.0g 氢氧化钠(NaOH)，溶于 50mL 水中，冷却至室温。

称取 7.0g 碘化钾(KI)和 10.0g 碘化汞(HgI_2)，溶于水中，在搅拌下，将此溶液缓慢加入到上述 50mL 氢氧化钠溶液中，用水稀释至 100mL。贮于聚乙烯瓶内，用橡胶塞或聚乙烯盖子盖紧，存放暗处，有效期 1 年。

5.10.4.5 酒石酸钾钠溶液（ρ=500g/L）

称取 50.0g 酒石酸钾钠($KNaC_4H_4O_6 \cdot 4H_2O$)，溶于 100mL 水中，加热煮沸以驱除氨，充分冷却后稀释至 100mL。

5.10.4.6 硫代硫酸钠溶液（ρ=3.5g/L）

称取 3.5g 硫代硫酸钠($Na_2S_2O_3$)，溶于水中，稀释至 1000mL。

5.10.4.7 硫酸锌溶液（ρ=100g/L）

称取 10.0g 硫酸锌($ZnSO_4 \cdot 7H_2O$)，溶于水中，稀释至 100mL。

5.10.4.8 氢氧化钠溶液（$\rho=250g/L$）

称取 25.0g 氢氧化钠溶液溶于水中，稀释至 100mL。

5.10.4.9 氢氧化钠溶液[$c(NaOH)=1mol/L$]

称取 4.0g 氢氧化钠溶液溶于水中，稀释至 100mL。

5.10.4.10 盐酸溶液[$c(HCl)=1mol/L$]

量取 8.5mL 盐酸（5.10.4.3）于适量水中用水稀释至 100mL。

5.10.4.11 硼酸（H_3BO_3）溶液（$\rho=20g/L$）

称取 20g 硼酸溶于水中，稀释至 1L。

5.10.4.12 溴百里酚蓝（bromthymol blue）指示剂（$\rho=0.5g/L$）

称取 0.05g 溴百里酚蓝溶于 50mL 水中，加入 10mL 无水乙醇，用水稀释至 100mL。

5.10.4.13 淀粉-碘化钾试纸

称取 1.5g 可溶性淀粉于烧杯中，用少量水调成糊状，加入 200mL 沸水，搅拌混匀放冷。加 0.50g 碘化钾（KI）和 0.50g 碳酸钠（Na_2CO_3），用水稀释至 250mL。将滤纸条浸渍后，取出晾干，于棕色瓶中密封保存。

5.10.4.14 氨氮标准溶液

（1）**氨氮标准贮备溶液**（$\rho_N=1000\mu g/mL$） 称取 3.8190g 氯化铵（NH_4Cl，优级纯，在 100～105℃干燥 2h），溶于水中，移入 1000mL 容量瓶中，稀释至标线，可在 2～5℃中保存 1 个月。

（2）**氨氮标准工作溶液**（$\rho_N=10\mu g/mL$） 吸取 5.00mL 氨氮标准贮备溶液于 500mL 容量瓶中，稀释至刻度。临用前配制。

5.10.5 仪器和设备

5.10.5.1 可见分光光度计（具 20mm 比色皿）

5.10.5.2 氨氮蒸馏装置

由 500mL 凯式烧瓶、氮球、直形冷凝管和导管组成，冷凝管末端可连接一段适当长度的滴管，使出口尖端浸入吸收液液面下。亦可使用 500mL 蒸馏烧瓶。

5.10.6 样品

5.10.6.1 样品采集与保存

水样采集在聚乙烯瓶或玻璃瓶内，应尽快分析。如需保存，应加硫酸使水样酸化至 pH＜2，2～5℃下可保存 7d。

5.10.6.2 样品的预处理

（1）**去除余氯** 若样品中存在余氯，可加入适量的硫代硫酸钠溶液（5.10.4.6）

去除。每加 0.5mL 可去除 0.25mg 余氯。用淀粉-碘化钾试纸（5.10.4.13）检验余氯是否除尽。

（2）**絮凝沉淀**　100mL 样品中加入 1mL 硫酸锌溶液（5.10.4.7）和 0.1～0.2mL 氢氧化钠溶液（5.10.4.8），调节 pH 约为 10.5，混匀，放置使之沉淀，倾取上清液分析。必要时，用水冲洗过的中速滤纸过滤，弃去初滤液 20mL。也可对絮凝后样品离心处理。

（3）**预蒸馏**　将 50mL 硼酸溶液（5.10.4.11）移入接收瓶内，确保冷凝管出口在硼酸溶液液面之下。分取 250mL 样品，移入烧瓶中，加几滴溴百里酚蓝指示剂（5.10.4.12），必要时，用氢氧化钠溶液（5.10.4.9）或盐酸溶液（5.10.4.10）调整 pH 至 6.0（指示剂呈黄色）～7.4（指示剂呈蓝色），加入 0.25g 轻质氧化镁（5.10.4.2）及数粒玻璃珠，立即连接氮球和冷凝管。加热蒸馏，使馏出液收集速率约为 10mL/min，待馏出液达 200mL 时，停止蒸馏，加水定容至 250mL。

5.10.7　测定步骤

5.10.7.1　校准曲线

在 8 个 50mL 比色管中，分别加入 0.00mL、0.50mL、1.00mL、2.00mL、4.00mL、6.00mL、8.00mL 和 10.00mL 氨氮标准工作溶液，其所对应的氨氮含量分别为 0.0μg、5.0μg、10.0μg、20.0μg、40.0μg、60.0μg、80.0μg 和 100μg，加水至标线。加入 1.0mL 酒石酸钾钠溶液（5.10.4.5），摇匀，再加入纳氏试剂 1.5mL（$HgCl_2$-KI-KOH）溶液或 1.0mL（HgI_2-KI-NaOH）溶液，摇匀。放置 10min 后，在波长 420nm 下，用 20mm 比色皿，以水作参比，测量吸光度。

以空白校正后的吸光度为纵坐标，以其对应的氨氮含量（μg）为横坐标，绘制校准曲线。

注：根据待测样品的质量浓度也可选用 10mm 比色皿。

5.10.7.2　样品测定

（1）**清洁水样**　直接取 50mL 清洁水样，按与校准曲线相同的步骤测量吸光度。

（2）**有悬浮物或色度干扰的水样**　取经预处理的水样 50mL（若水样中氨氮质量浓度超过 2mg/L，可适当少取水样体积），按与校准曲线相同的步骤测量吸光度。

注：经蒸馏或在酸性条件下煮沸方法预处理的水样，须加一定量氢氧化钠溶液（5.10.4.9），调节水样至中性，用水稀释至 50mL 标线，再按与校准曲线相同的步骤测量吸光度。

（3）**空白实验**　用水代替水样，按与样品相同的步骤进行预处理和测定。

5.10.8　结果计算

水中氨氮的质量浓度按式(5-19)计算：

$$\rho_N = \frac{A_s - A_b - a}{b \times V}$$

(5-19)

式中 ρ_N——水样中氨氮的质量浓度（以 N 计），mg/L；

A_s——水样的吸光度；

A_b——空白实验的吸光度；

a——校准曲线的截距；

b——校准曲线的斜率；

V——样品体积，mL。

5.10.9 质量保证和质量控制

5.10.9.1 空白试剂

吸光度应不超过 0.030(10mm 比色皿)。

5.10.9.2 纳氏试剂的配制

为了保证纳氏试剂有良好的显色能力，配制时务必控制 $HgCl_2$ 的加入量，加至微量 HgI_2 红色沉淀不再溶解时为止。配制 100mL 纳氏试剂所需 $HgCl_2$ 与 KI 的用量之比约为 2.3∶5。在配制时为了加快反应速率、节省配制时间，可低温加热进行，防止 HgI_2 红色沉淀提前出现。

5.10.9.3 酒石酸钾钠的配制

酒石酸钾钠试剂中铵盐含量较高时，仅加热煮沸或加纳氏试剂沉淀不能完全除去氨。此时采用加入少量氢氧化钠溶液，煮沸蒸发掉溶液体积的 20％～30％，冷却后用无氨水稀释至原体积。

5.10.9.4 絮凝沉淀

滤纸中含有一定量的可溶性铵盐，定量滤纸中含量高于定性滤纸，建议采用定性滤纸过滤，过滤前用无氨水少量多次淋洗（一般为 100mL）。这样可减少或避免滤纸引入的测量误差。

5.10.9.5 水样的预蒸馏

蒸馏过程中，某些有机物很可能与氨同时馏出，对测定有干扰，其中有些物质（如甲醛）可以在酸性条件（pH＜1）下煮沸除去。在蒸馏刚开始时，氨气蒸出速度较快，加热不能过快，否则造成水样暴沸，馏出液温度升高，氨吸收不完全。馏出液收集速率应保持在 10mL/min 左右。

蒸馏过程中，某些有机物很可能与氨同时馏出，对测定仍有干扰，其中有些物质（如甲醛）可以在酸性条件（pH＜1）下煮沸除去。

部分工业废水，可加入石蜡碎片等作防沫剂。

5.10.9.6 蒸馏器清洗

向蒸馏烧瓶中加入 350mL 水，加数粒玻璃珠，装好仪器，蒸馏到至少收集了 100mL 水时停止，将馏出液及瓶内残留液弃去。

5.10.10 注意事项

① 水中氨氮测量的实验室要保证室内空气干净、清洁，不能存在扬尘。水中氨氮的测量不能与硝酸盐氮等监测项目同时进行，氨水是硝酸盐氮测试过程中用到的重要试剂，但氨水的挥发性极强，挥发到空气中会被纳氏试剂吸收，进而影响测试结果，导致测试结果偏高。因此在测量氨氮的过程中，实验要用到的试剂、器皿需单独存放，以免发生交叉感染，导致空白实验值偏差。

② 为保证测量结果的准确性，各种实验试剂的纯度必须要达到一定要求；一定要严格控制显色时间；有效控制显色温度；尽量将 pH 值控制在 11.8～12.4 范围内。

③ 空白实验值是测量实验中的重要参数，在氨氮的测量实验中，空白值吸光度通常要在 0.03 以下，如果试剂空白吸光度高、滤纸含有铵盐或者实验用水含氮量高时都容易引起空白值偏高。

5.11 水中总磷的测定——钼酸铵分光光度法

水中磷可以以元素磷、正磷酸盐、缩合磷酸盐、焦磷酸盐、偏磷酸盐和有机团结合的磷酸盐等形式存在。其主要来源为生活污水、化肥、有机磷农药及近代洗涤剂所用的磷酸盐增洁剂等。总磷是水样经消解后将各种形式的磷转变成正磷酸盐后测定的结果，以每升水样含磷质量计量。

5.11.1 适用范围

规定用过硫酸钾（或硝酸-高氯酸）为氧化剂，将未经过滤的水样消解，水中总磷的测定方法为钼酸铵分光光度法。

总磷包括溶解的、颗粒的、有机的和无机的磷。

适用于地表水、污水和工业废水中总磷的测定。

取 25mL 样品，本方法的最低检出浓度为 0.01mg/L，测定上限为 0.6mg/L。

在酸性条件下，砷、铬、硫干扰测定。

5.11.2 方法原理

在中性条件下用过硫酸钾（或硝酸-高氯酸）使试样消解，将所含磷全部氧化为正磷酸盐。在酸性介质中，正磷酸盐与钼酸铵反应，在锑盐存在下生成磷钼杂多酸后，立即被抗坏血酸还原，生成蓝色的配合物。

5.11.3 试剂

本实验所用试剂除另有说明外，均应使用符合国家标准或专业标准的分析试剂和蒸馏水或同等纯度的水。

5.11.3.1 硫酸（H_2SO_4，$\rho=1.84g/mL$）

5.11.3.2 硝酸（HNO_3，$\rho=1.4g/mL$）

5.11.3.3 高氯酸（$HClO_4$，**优级纯**，$\rho=1.68g/mL$）

5.11.3.4 硫酸（H_2SO_4，1+1）

5.11.3.5 硫酸 $\left[c(1/2H_2SO_4)\approx1mol/L\right]$

将27mL硫酸（5.11.3.1）加入到973mL水中。

5.11.3.6 氢氧化钠溶液（NaOH，1mol/L）

将40g氢氧化钠溶于水并稀释至1000mL。

5.11.3.7 氢氧化钠溶液（NaOH，6mol/L）

将240g氢氧化钠溶于水并稀释至1000mL。

5.11.3.8 过硫酸钾溶液（50g/L）

将5g过硫酸钾（$K_2S_2O_8$）溶解于水，并稀释至100mL。

5.11.3.9 抗坏血酸溶液（100g/L）

将10g抗坏血酸（$C_6H_8O_6$）溶解于水，并稀释至100mL。此溶液贮于棕色的试剂瓶中，在阴凉处可稳定几周。如不变色可长时间使用。

5.11.3.10 钼酸盐溶液

溶解13g钼酸铵 $\left[(NH_4)_6Mo_7O_{24}\cdot4H_2O\right]$ 于100mL水中。溶解0.35g酒石酸锑钾 $\left[KSbC_4H_4O_7\cdot\dfrac{1}{2}H_2O\right]$ 于100mL水中。再不断搅拌把钼酸铵溶液缓慢加到300mL硫酸（5.11.3.4）中，加酒石酸锑钾溶液并混合均匀。此溶液贮于棕色的试剂瓶中，在阴凉处可保存两个月。

5.11.3.11 浊度-色度补偿液

混合硫酸（5.11.3.4）和抗坏血酸溶液（5.11.3.9），体积比为2：1。本补偿液需当天配制。

5.11.3.12 磷标准贮备溶液

称取（0.2197±0.001）g于110℃下干燥2h并在干燥器中冷却的磷酸二氢钾（KH_2PO_4），用水溶解后转移至1000mL容量瓶中，加入大约800mL水、加5mL硫酸（5.11.3.4）用水稀释至标线并混匀。1.00mL此标准溶液含50.0μg磷。本溶液在玻璃瓶中可贮存至少六个月。

5.11.3.13　磷标准使用溶液

将 10.0mL 的磷标准贮备溶液（5.11.3.12）转移至 250mL 容量瓶中，用水稀释至标线并混匀。1.00mL 此标准使用溶液含 2.0μg 磷。本溶液需使用当天配制。

5.11.3.14　酚酞溶液（10g/L）

0.5g 酚酞溶于 50mL 的 95％乙醇中。

5.11.4　仪器

实验室常用仪器设备和下列仪器。

① 医用手提式蒸汽消毒器或一般压力锅（1.1～1.4kg/cm²）。

② 50mL 具塞（磨口）刻度管。

③ 分光光度计。

注：所有玻璃器皿均应用稀盐酸或稀硝酸浸泡。

5.11.5　采样和样品

5.11.5.1　样品的保存

采取 500ml 水样后加入 1mL 硫酸（5.11.3.1）调节样品的 pH 值，使之低于或等于 1，或不加任何试剂于阴凉处保存。

注：含磷量较少的水样，不要用塑料瓶采样，因磷酸盐易吸附在塑料瓶壁上。

5.11.5.2　试样的制备

取 25mL 样品（5.11.5.1）于具塞刻度管中。取样品时应仔细摇匀，以得到溶解部分和悬浮部分均具有代表性的试样。如样品中含磷浓度较高，试样体积可以减少。

5.11.6　测定步骤

5.11.6.1　空白试样

按（5.11.6.2）的规定进行空白实验，用水代替试样，并加入与测定时相同体积的试剂。

5.11.6.2　测定

（1）消解

① 过硫酸钾消解：向（5.11.5.2）试样中加 4mL 过硫酸钾（5.11.3.8），将具塞刻度管的盖塞紧后，用一小块布和线将玻璃管扎紧（或用其他方法固定），放在大烧杯中置于高压蒸汽消毒器中加热，待压力达到 1.1kg/cm²、相应温度为 120℃时，恒温 30min 后停止加热。待压力表读数降至零后，取出冷却。然后用水稀释至标线。

注：如用硫酸保存水样。当用过硫酸钾消解时，需先将试样调至中性。

② 硝酸-高氯酸消解：取 25mL 试样（5.11.5.1）于锥形瓶中，加数粒玻璃珠，加 2mL 硝酸（5.11.3.2）在电热板上加热浓缩至 10mL。冷却后加 5mL 硝酸（5.11.3.2），再加热浓缩至 10mL，放冷。加 3mL 高氯酸（5.11.3.3）加热至高氯酸冒白烟。此时可在锥形瓶上加小熨斗或调节电热板温度，使消解液在锥形瓶内壁保持回流状态，直至剩下 3～4mL，冷却。

加水 10mL，加 1 滴酚酞指示剂（5.11.3.14）.滴加氢氧化钠溶液（5.11.3.6 或 5.11.3.7）至刚呈微红色，再滴加硫酸溶液（5.11.3.5）使微红刚好褪去，充分混匀。移至具塞刻度管中，用水稀释至标线。

> 注：①用硝酸-高氯酸消解需要在通风橱中进行。高氯酸和有机物的混合物经加热易发生危险，需将试样先用硝酸消解，然后再加入硝酸-高氯酸进行消解。
> ② 绝不可把消解的试样蒸干。
> ③ 如消解后有残渣时，用滤纸过滤于具塞刻度管中，并用水充分清洗锥形瓶及滤纸，一并移到具塞刻度管中。
> ④ 水样中的有机物用过硫酸钾氧化不能完全破坏时，可用此法消解。

（2）发色

分别向各份消解液中加入 1mL 抗坏血酸溶液（5.11.3.9）混匀，30s 后加 2mL 钼酸盐溶液（5.11.3.10）充分混匀。

> 注：①如试样中含有浊度或色度时，需配制一个空白试样（消解后用水稀释至标线）然后向试样中加入 3mL 浊度—色度补偿液（5.11.3.11），但不加抗坏血酸溶液和钼酸盐溶液。然后从试样的吸光度中扣除空白试样的吸光度。
> ② 砷含量大于 2mg/L 时干扰测定，用硫代硫酸钠去除。硫化物含量大于 2mg/L 时干扰测定，通氮气去除。铬含量大于 50mg/L 时干扰测定，用亚硫酸钠去除。

（3）分光光度测量

室温下放置 15min 后，使用光程为 30mm 比色皿，在 700nm 波长下，以水做参比，测定吸光度。扣除空白实验的吸光度后，从工作曲线上查得磷的含量。

> 注：如显色时室温低于 13℃，可在 20～30℃水浴上显色 15min 即可。

（4）工作曲线的绘制

取 7 支具塞刻度管分别加入 0.0mL、0.50mL、1.00mL、3.00mL、5.00mL、10.0mL、15.0mL 磷酸盐标准溶液（5.11.3.13）。加水至 25mL。然后按测定步骤（5.11.6.2）进行处理。以水做参比，测定吸光度。扣除空白实验的吸光度后，再和对应的磷的含量绘制工作曲线。

5.11.7　结果计算

总磷含量以 ρ(mg/L) 表示，按下式计算：

$$\rho = \frac{m}{V} \tag{5-20}$$

式中　m——试样测得含磷量，μg；

　　　V——测定用试样体积，mL。

5.11.8　注意事项

① 因为总磷水样不稳定，故应在采样后立即分析，如不能，需加强酸使 pH≤2，并在 24h 内尽快测定。测定前需将水样调节至中性。

② 由于总磷易于吸附，因此对采样瓶应认真清洗。

③ 所有移液管取液前，先用各自的试剂冲洗试管内壁 1～3 次，移液管表面的试剂用滤纸擦干。管内有气泡时，微微晃动即可。

④ 样品采用压力锅消解后，应自然冷却，切勿用冷水强制冷却，否则易导致样品压力不平衡产生外溢，影响测试结果的准确性。

⑤ 消解后出现浑浊现象，需对水样进行过滤，过滤时要注意对滤纸进行清洗，避免滤纸吸附造成损失。

⑥ 注意显色时间和显色温度的影响。

5.12　水中总氮的测定——碱性过硫酸钾消解紫外分光光度法

总氮指可溶性及悬浮颗粒中的含氮量。可滤性总氮指水中可溶性及含可滤性固体（小于 0.45μm 颗粒物）的含氮量。

本方法适用于地面水、地下水的测定。本法可测定水中亚硝酸盐氮、硝酸盐氮、无机铵盐、溶解态氨及大部分有机含氮化合物中氮的总和。

本方法的摩尔吸光系数为 1.47×10^3 L/(mol·cm)。氮的最低检出浓度为 0.050mg/L，测定上限为 4mg/L。

测定中干扰物主要是碘离子与溴离子，碘离子相对于总氮含量的 2.2 倍以上、溴离子相对于总氮含量的 3.4 倍以上时有干扰。

某些有机物在本法规定的测定条件下不能完全转化为硝酸盐时对测定也会有影响。

5.12.1　实验目的

掌握用碱性过硫酸钾在 120～124℃ 消解、紫外分光光度测定水中总氮的方法和原理。

5.12.2 实验原理

在 60℃ 以上水溶液中，过硫酸钾可分解产生硫酸氢钾和原子态氧，硫酸氢钾在溶液中解离产生氢离子，故在氢氧化钠的碱性介质中可促使分解过程趋于完全。

分解出的原子态氧在 120～124℃ 条件下，可使水样中含氮化合物中的氮元素转化为硝酸盐。并且在此过程中有机物同时被氧化分解。可用紫外分光光度法于波长 220nm 和 275nm 处，分别测出吸光度 A_{220} 及 A_{275}，按式(5-21)求出校正吸光度：

$$A = A_{220} - 2A_{275} \tag{5-21}$$

按 A 的值查校准曲线并计算总氮（以 NO_3-N 计）含量。

5.12.3 仪器

5.12.3.1 紫外分光光度计及 10mm 石英比色皿

5.12.3.2 医用手提式蒸汽灭菌器或家用压力锅

压力为 1.1～1.4kg/cm² (1kg/cm² ≈ 98.07kPa)，锅内温度相当于 120～124℃。

5.12.3.3 具玻璃磨口塞比色管，25mL

5.12.3.4 常用实验室仪器

所用玻璃器皿可以用盐酸（1＋9）或硫酸（1＋35）浸泡，清洗后再用水（5.12.4.1）冲洗数次。

5.12.4 试剂

除非另有说明外，分析时均使用符合国家标准或专业标准的分析纯试剂。

5.12.4.1 无氨水

按下述方法之一制备：

① 离子交换法：将蒸馏水通过一个强酸型阳离子交换树脂（氢型）柱，流出液收集在带有密封玻璃盖的玻璃瓶中。

② 蒸馏法：在 1.000mL 蒸馏水中，加入 0.10mL 硫酸（1.84g/mL）。并在全玻璃蒸馏器中重蒸馏，弃去前 50mL 馏出液，然后将馏出液收集在带有玻璃塞的玻璃瓶中。

5.12.4.2 氢氧化钠溶液（200g/L）

称取 20g 氢氧化钠(NaOH)，溶于水（5.12.4.1）中，稀释至 100mL。

5.12.4.3 氢氧化钠溶液（20g/L）

将浓氢氧化钠溶液（5.12.4.2）稀释 10 倍所得。

5.12.4.4 碱性过硫酸钾溶液

称取 40g 过硫酸钾（$K_2S_2O_8$），另称取 15g 氢氧化钠（NaOH），溶于无氨水

（5.12.4.1）中，稀释至1000mL，溶液存放在聚乙烯瓶内，最长可处存一周。

5.12.4.5 盐酸溶液

1+9的盐酸溶液。

5.12.4.6 硝酸钾标准溶液

① 硝酸钾标准贮备溶液，$c_N=100mg/L$：硝酸钾（KNO_3）在105~110℃烘箱中干燥3h，在干燥器中冷却后，称取0.7218g，溶于无氨水（5.12.4.1）中，移至1000mL容量瓶中，用无氨水（5.12.4.1）稀释至标线，在0~10℃暗处保存，或加入1~2mL三氯甲烷保存，可稳定6个月。

② 硝酸钾标准使用溶液，$c_N=10mg/L$：将贮备液用无氨水（5.12.4.1）稀释10倍所得。使用时配制。

5.12.4.7 硫酸溶液

1+35的硫酸溶液。

5.12.5 样品

5.12.5.1 采样

在水样采集后立即放入冰箱中或低于4℃的条件下保存，但不得超过24h。

水样放置时间较长时，可在1000mL水样中加入约0.5mL硫酸（1.84g/mL），酸化到pH小于2，并尽快测定。

样品可贮存在玻璃瓶中。

5.12.5.2 试样的制备

取实验室样品（5.12.5.1）用氢氧化钠溶液（5.12.4.3）或硫酸溶液（5.12.4.7）调节pH至5~9从而制得试样。

如果试样中不含悬浮物按（5.12.6.1）第②步骤测定，试样中含悬浮物则按（5.12.6.1）第③步骤测定。

5.12.6 测定步骤

5.12.6.1 测定

① 用无分度吸管取10.00mL试样 [c_N超过100μg时，可减少取样量并加无氨水（5.12.4.1）稀释至10mL] 置于比色管中。

② 试样不含悬浮物时，按下述步骤进行。

a. 加入5mL碱性过硫酸钾溶液（5.12.4.4），塞紧磨口塞用布及绳等方法扎紧瓶塞，以防弹出。

b. 将比色管置于医用手提蒸汽灭菌器中，加热，使压力表指针到1.1~1.4kg/cm²，此时温度达120~124℃后开始计时。或将比色管置于家用压力锅中，加热至顶压阀吹气时开始计时。保持此温度加热半小时。

c. 冷却、开阀放气，移去外盖，取出比色管并冷至室温。

d. 加盐酸（1+9）1mL，用无氨水稀释至 25mL 标线，混匀。

e. 移取部分溶液至 10mm 石英比色皿中，在紫外分光光度计上，以无氨水作参比，分别在波长为 220nm 与 275nm 处测定吸光度，并用式（5-21）计算出校正吸光度 A。

③ 试样含悬浮物时，先按上述 a 至 d 步骤进行，然后待澄清后移取上清液到石英比色皿中，再按上述 e 步骤继续进行测定。

5.12.6.2 空白实验

空白实验除以 10mL 无氨水（5.12.4.1）代替试样外，采用与测定完全相同的试剂、用量和分析步骤进行平行操作。

注：当测定在接近检测限时，必须控制空白实验的吸光度 A，不超过 0.03，超过此值，需检查所用水、试剂、器皿和家用压力锅或医用手提灭菌器的压力。

5.12.6.3 校准

（1）校准系列的制备

① 用分度吸管向一组（10 支）比色管（5.12.3.3）中，分别加入硝酸钾标准使用溶液 0.0mL、0.10mL、0.30mL、0.50mL、0.70mL、1.00mL、3.00mL、5.00mL、7.00mL、10.00mL。加无氨水（5.12.4.1）稀释至 10.00mL。

② 按 5.12.6.1 第二步中 a 至 e 步骤进行测定。

（2）校准曲线的绘制

零浓度（空白）溶液和其他硝酸钾标准使用溶液（5.12.4.6）制得的校准系列完成全部分析步骤，于波长 220nm 和 275nm 处测定吸光度后，分别按下式求出除零浓度外其他校准系列的校正吸光度 A_s 和零浓度的校正吸光度 A_b 及其差值 A_r。

$$A_s = A_{s220} - 2A_{s275} \tag{5-22}$$

$$A_b = A_{b220} - 2A_{b275} \tag{5-23}$$

$$A_r = A_s - A_b \tag{5-24}$$

式中　A_{s220}——标准溶液在 220nm 波长的吸光度；

　　　A_{s275}——标准溶液在 275nm 波长的吸光度；

　　　A_{b220}——零浓度（空白）溶液在 220nm 波长的吸光度；

　　　A_{b275}——零浓度（空白）溶液在 275nm 波长的吸光度。

按 A_r 值与相应的 $NO_3\text{-N}$ 含量（μg）绘制校准曲线。

5.12.7　结果处理

按式（5-21）计算得试样校正吸光度 A，在校准曲线上查出相应的总氮 μg 数，总氮含量 ρ_N（mg/L）按下式计算：

$$\rho_N = \frac{m}{V} \tag{5-25}$$

或中 m——试样测出含氮量，μg；

   V——测定用试样体积，mL。

5.12.8 注意事项

① 过硫酸钾纯度必须达到要求，空白值<0.03。

② 冷却放置时间对测试结果影响很大，随着冷却时间延长，空白吸光度值减小，测量结果更准确。

5.13 水中挥发酚的测定——蒸馏后4-氨基安替比林分光光度法

酚类主要来自炼油、煤气洗涤、炼焦、造纸、合成氨、木材防腐和化工等废水，属高毒类，为细胞原浆毒物，低浓度能使蛋白质变性、高浓度能使蛋白质沉淀，对各种细胞有直接损害，对皮肤和黏膜有强烈的腐蚀作用。如果长期饮用被酚类污染的水，可引起头昏、出疹、瘙痒、贫血、恶心、呕吐及各种神经系统症状。其化合物对人及哺乳动物有致癌作用。

根据酚类能否与水蒸气一起蒸出，分为挥发酚与不挥发酚。挥发酚多指沸点在23℃以下的酚类，通常属一元酚，是指随水蒸气蒸馏出并能和4-氨基安替比林反应生成有色化合物的挥发性酚类化合物，结果以苯酚计。国标 GB 5749—2006 对生活饮用水中挥发酚类（以苯酚计）的含量要求小于 0.002mg/L。

本方法用于测定地表水、地下水、饮用水、工业废水和生活污水中挥发酚的含量。

地表水、地下水和饮用水宜用萃取分光光度法测定，检出限为 0.0003mg/L，测定下限为 0.001mg/L，测定上限为 0.04mg/L。

工业废水和生活污水宜用直接分光光度法测定，检出限为 0.01mg/L，测定下限为 0.04mg/L，测定上限为 2.50mg/L。

对于质量浓度高于标准测定上限的样品，可适当稀释后进行测定。

5.13.1 实验目的

① 掌握挥发酚的概念。

② 了解 4-氨基安替比林分光光度法测定挥发酚含量的方法和原理。

5.13.2 萃取分光光度法

5.13.2.1 实验原理

用蒸馏法使挥发性酚类化合物蒸馏出，并与干扰物质和固定剂分离。由于酚类化合物的挥发速度是随馏出液体积的变化而变化，因此馏出液体积必须与试样体积相等。被蒸馏出的酚类化合物，于 pH 值为 (10.0±0.2) 的介质中，在铁氰化钾存在下，与 4-氨基安替比林反应生成橙红色的安替比林染料，用三氯甲烷萃取后，在 460nm 波长下测定吸光度。

5.13.2.2 试剂和材料

除非另有说明，分析时均使用符合国家标准的分析纯化学试剂；实验用水为新制备的蒸馏水或去离子水。

① 无酚水：于每升水中加入 0.2g 经 200℃ 活化 30min 的活性炭粉末，充分振摇后，放置过夜，用双层中速滤纸过滤；或加氢氧化钠使水呈强碱性，并加入高锰酸钾至溶液呈紫红色，移入全玻璃蒸馏器中加热蒸馏，收集馏出液备用。由此制备无酚水，无酚水应贮于玻璃瓶中，取用时，应避免与橡胶制品（橡胶塞或乳胶管等）接触。

② 硫酸亚铁（$FeSO_4 \cdot 7H_2O$）。

③ 碘化钾（KI）。

④ 硫酸铜（$CuSO_4 \cdot 5H_2O$）。

⑤ 乙醚（$C_4H_{10}O$）。

⑥ 三氯甲烷（$CHCl_3$）。

⑦ 精制苯酚：取苯酚（C_6H_5OH）于具有空气冷凝管的蒸馏瓶中，加热蒸馏，收集 182~184℃ 的馏出部分，馏分冷却后应为无色晶体，贮于棕色瓶中，于冷暗处密闭保存。

⑧ 氨水：$\rho(NH_3 \cdot H_2O) = 0.90g/mL$。

⑨ 盐酸：$\rho(HCl) = 1.19g/mL$。

⑩ 磷酸溶液：（1+9）的磷酸溶液。

⑪ 硫酸溶液：（1+4）的硫酸溶液。

⑫ 氢氧化钠溶液：$\rho(NaOH) = 100g/L$。称取氢氧化钠 10g 溶于水，稀释至 100mL。

⑬ 缓冲溶液：pH=10.7。称取 20g 氯化铵（NH_4Cl）溶于 100mL 氨水⑧中，密塞，置冰箱中保存。为避免氨的挥发引起 pH 值改变，应注意在低温下保存，且取用后立即加塞盖严，并根据使用情况适量配制。

⑭ 4-氨基安替比林溶液：称取 2g 4-氨基安替比林溶于水中，溶解后移入 100mL 容量瓶中，用水稀释至标线，将 100mL 配制好的 4-氨基安替比林溶液置于干燥烧杯中，加入 10g 硅镁型吸附剂（弗罗里硅土，60~100 目，600℃烘制 4h），用玻璃棒充分搅拌，静置片刻，将溶液在中速定量滤纸上过滤，收集滤液，置于棕色试剂瓶内，置冰箱中于 4℃ 下冷藏，可保存 7d。

⑮ 铁氰化钾溶液：$\rho(K_3[Fe(CN)_6]) = 80g/L$。称取 8g 铁氰化钾溶于水，溶解后移入 100mL 容量瓶中，用水稀释至标线。置冰箱内冷藏，可保存一周。

⑯ 溴酸钾-溴化钾溶液：$c(1/6KBrO_3)=0.1mol/L$。称取 2.784g 溴酸钾溶于水，加入 10g 溴化钾，溶解后移入 1000mL 容量瓶中，用水稀释至标线。

⑰ 硫代硫酸钠溶液：$c(Na_2S_2O_3) \approx 0.0125mol/L$。称取 3.1g 硫代硫酸钠，溶于煮沸放冷的水中，加入 0.2g 碳酸钠，溶解后移入 1000mL 容量瓶中，用水稀释至标线。临用前按照 GB 7489—87 标定。

⑱ 淀粉溶液：$\rho=0.01g/mL$。称取 1g 可溶性淀粉，用少量水调成糊状，加沸水至 100mL，冷却后，移入试剂瓶中，置冰箱内冷藏保存。

⑲ 酚标准贮备液：$\rho(C_6H_5OH) \approx 1.00g/L$。称取 1.00g 精制苯酚⑦，溶解于无酚水①，移入 1000mL 容量瓶中，用无酚水①稀释至标线。按以下步骤进行标定。后置于冰箱内冷藏，可稳定保存一个月。

酚标准贮备液的标定：

吸取 10.0mL 酚标准贮备液⑲于 250mL 碘量瓶中，加无酚水①稀释至 100mL，加 10.0mL 0.1mol/L 溴酸钾-溴化钾溶液⑯，立即加入 5mL 浓盐酸⑨，密塞，缓慢摇匀，于暗处放置 15min，加入 1g 碘化钾③，密塞，摇匀，放置暗处 5min，用硫代硫酸钠溶液⑰滴定至淡黄色，加入 1mL 淀粉溶液⑱，继续滴定至蓝色刚好褪去，记录用量。

同时以无酚水①代替酚标准贮备液⑲做空白实验，记录硫代硫酸钠溶液⑰用量。

酚标准贮备液⑲质量浓度按下式计算：

$$\rho = \frac{(V_1 - V_2) \times c \times 15.68}{V} \tag{5-26}$$

式中　ρ——酚贮备液质量浓度，mg/L；

　　　V_1——空白实验中硫代硫酸钠溶液的用量，mL；

　　　V_2——滴定酚贮备液时硫代硫酸钠溶液的用量，mL；

　　　c——硫代硫酸钠溶液浓度，mol/L；

　　　V——试样体积，mL；

15.68——苯酚（$1/6\ C_6H_5OH$）摩尔质量，g/mol。

⑳ 酚标准中间液：$\rho(C_6H_5OH)=10.0mg/L$。取适量酚标准贮备液⑲用无酚水①稀释至 100mL 容量瓶中，使用时当天配制。

㉑ 酚标准使用液：$\rho(C_6H_5OH)=1.00mg/L$。量取 10.00mL 酚标准中间液⑳于 100mL 容量瓶中，用无酚水①稀释至标线，配制后 2h 内使用。

㉒ 甲基橙指示液：$\rho(甲基橙)=0.5g/L$。称取 0.1g 甲基橙溶于水，溶解后移入 200mL 容量瓶中，用水稀释至标线。

㉓ 淀粉-碘化钾试纸：称取 1.5g 可溶性淀粉，用少量水搅成糊状，加入 200mL 沸水，混匀，冷却，加 0.5g 碘化钾和 0.5g 碳酸钠，用水稀释至 250mL，将滤纸条浸渍后，取出晾干，盛于棕色瓶中，密塞保存。

㉔ 乙酸铅试纸：称取乙酸铅 5g，溶于水中，并稀释至 100mL。将滤纸条浸入上述溶液中，1h 后取出晾干，盛于广口瓶中，密塞保存。

㉕ pH 试纸：pH 范围 1～14。

5.13.2.3　仪器和设备

除非另有说明，分析时均使用符合国家 A 级标准的玻璃量器。

分光光度计（具 460nm 波长，并配有光程为 30mm 的比色皿）及其他一般实验室常用仪器。

5.13.2.4　样品采集

样品采集按照 HJ/T 91.1—2019 的相关规定执行。在样品采集现场，用淀粉-碘化钾试纸（5.13.2.2㉓）检测样品中有无游离氯等氧化剂的存在。若试纸变蓝，应及时加入过量硫酸亚铁（5.13.2.2②）去除。

样品采集量应大于 500mL，贮于硬质玻璃瓶中。

采集后的样品应及时加磷酸酸化至 pH 约 4.0，并加适量硫酸铜（5.13.2.2④），使样品中硫酸铜质量浓度约为 1g/L，以抑制微生物对酚类的生物氧化作用。

5.13.2.5　测定步骤

（1）预蒸馏　取 250mL 样品移入 500mL 全玻璃蒸馏器中，加 25mL 水（5.13.2.2①），加数粒玻璃珠以防暴沸，再加数滴甲基橙指示液（5.13.2.2㉒），若试样未显橙红色，则需继续补加磷酸溶液（5.13.2.2⑩）。连接冷凝器，加热蒸馏，收集馏出液 250mL 至容量瓶中。

蒸馏过程中，若发现甲基橙红色褪去，应在蒸馏结束后，冷却，再加 1 滴甲基橙指示液（5.13.2.2㉒）。

若发现蒸馏后残液不呈酸性，则应重新取样，增加磷酸溶液（5.13.2.2⑩）加入量，进行蒸馏。

（2）显色　将馏出液 250mL 移入分液漏斗中，加 2.0mL 缓冲溶液（5.13.2.2⑬），混匀，pH 值为（10.0±0.2），加 1.5mL 4-氨基安替比林溶液（5.13.2.2⑭），混匀，再加 1.5mL 铁氰化钾溶液（5.13.2.2⑮），充分混匀后，密塞，放置 10min。

（3）萃取　在上述显色分液漏斗中准确加入 10.0mL 三氯甲烷（5.13.2.2⑥），密塞，剧烈振摇 2min，倒置放气，静置分层。用干脱脂棉或滤纸擦拭干分液漏斗颈管内壁，于颈管内塞一小团干脱脂棉或滤纸，将三氯甲烷层通过干脱脂棉团或滤纸，弃去最初滤出的数滴萃取液后，将余下三氯甲烷直接放入光程为 30mm 的比色皿中。

（4）吸光度测定　于 460nm 波长，以三氯甲烷（5.13.2.2⑥）为参比，测定三氯甲烷层的吸光度。

（5）空白实验　用无酚水（5.13.2.2①）代替试样，按照 [5.13.2.5(1)～(4)] 步骤测定其吸光度值。空白样应与试样同时测定。

（6）校准

① 校准系列的制备。于一组 8 个分液漏斗中，分别加入 100mL 无酚水（5.13.2.2①），依次加入 0.00mL、0.25mL、0.50mL、1.00mL、3.00mL、

5.00mL、7.00mL 和 10.00mL 酚标准使用液（5.13.2.2㉑），再分别加无酚水（5.13.2.2①）至 250mL。

按照［5.13.2.5(2)～(4)］步骤进行测定。

② 校准曲线的绘制。由校准系列测得的吸光度值减去零浓度管的吸光度值，绘制吸光度值对酚含量（μg）的曲线，校准曲线回归方程相关系数应达到 0.999 以上。

5.13.2.6 结果计算

试样中挥发酚的质量浓度（以苯酚计），按式(5-27)计算：

$$\rho = \frac{A_s - A_b - a}{bV} \tag{5-27}$$

式中 ρ——试样中挥发酚的质量浓度，mg/L；

A_s——试样的吸光度值；

A_b——空白实验［5.13.2.5(5)］的吸光度值；

a——校准曲线［5.13.2.5(6)②］的截距值；

b——校准曲线［5.13.2.5(6)②］的斜率；

V——试样的体积，mL。

当计算结果小于 0.1mg/L 时，保留到小数点后四位；大于等于 0.1mg/L 时，保留三位有效数字。

5.13.3 直接分光光度法

5.13.3.1 方法原理

用蒸馏法使挥发性酚类化合物蒸馏出，并与干扰物质和固定剂分离。由于酚类化合物的挥发速度是随馏出液体积的变化而变化，因此馏出液体积必须与试样体积相等。被蒸馏出的酚类化合物，于 pH 值为（10.0±0.2）的介质中，在铁氰化钾存在下，与 4-氨基安替比林反应生成橙红色的安替比林染料。显色后，在 30min 内，于 510nm 波长测定吸光度。

5.13.3.2 试剂和材料

参见第 5.13.2.2 部分。

5.13.3.3 仪器和设备

① 分光光度计：具 510nm 波长，并配有光程为 20mm 的比色皿。

② 一般实验室常用仪器。

5.13.3.4 样品

参见第 5.13.2.4 部分。

5.13.3.5 测定步骤

（1）预蒸馏 参见第 5.13.2.5 部分（1）。

（2）显色 分别取馏出液 50mL 加入 50mL 比色管中，加 0.5mL 缓冲溶液

（5.13.2.2⑬），混匀，此时 pH 值为（10.0±0.2），加 1.0mL 4-氨基安替比林溶液（5.13.2.2⑭），混匀，再加 1.0mL 铁氰化钾溶液（5.13.2.2⑮），充分混匀后，密塞，放置 10min。

（3）吸光度测定 于 510nm 波长，用光程为 20mm 的比色皿，以无酚水（5.13.2.2①）为参比，于 30min 内测定溶液的吸光度值。

（4）空白实验 用无酚水（5.13.2.2①）代替试样，按照第 5.13.3.5 部分（1）～（3）步骤测定其吸光度值。空白样应与试样同时测定。

（5）校准

① 校准系列的制备。

于一组 8 支 50mL 比色管中，分别加入 0.00mL、0.50mL、1.00mL、3.00mL、5.00mL、7.00mL、10.00mL 和 12.50mL 酚标准中间液（5.13.2.2⑳），加无酚水（5.13.2.2①）至标线。按照第 5.13.3.5 部分（2）～（3）步骤进行测定。

② 校准曲线的绘制。

由校准系列测得的吸光度值减去零浓度管的吸光度值，绘制吸光度值对酚含量（mg）的曲线，校准曲线回归方程相关系数应达到 0.999 以上。

5.13.3.6 结果计算

试样中挥发酚的质量浓度（以苯酚计），按式(5-28)计算：

$$\rho = \frac{A_s - A_b - a}{bV} \times 1000 \tag{5-28}$$

式中 ρ——试样中挥发酚的质量浓度，mg/L；

A_s——试样的吸光度值；

A_b——空白实验 [5.13.3.5(4)] 的吸光度值；

a——校准曲线 [5.13.3.5(5)②] 的截距值；

b——校准曲线 [5.13.3.5(5)②] 的斜率；

V——试样的体积，mL。

当计算结果小于 1mg/L 时，保留到小数点后 3 位；大于等于 1mg/L 时，保留三位有效数字。

5.13.4 注意事项

① 采集后的样品应在 4℃ 下冷藏，24h 内进行测定。

② 乙醚为低沸点、易燃和具麻醉作用的有机溶剂，使用时周围应无明火，并在通风橱内操作，室温较高时，样品和乙醚宜先置冰水浴中降温后，再尽快进行萃取操作；三氯甲烷为具麻醉作用和刺激性的有机溶剂，吸入蒸气有害，操作时应佩戴防毒面具并在通风处使用。

③ 4-氨基安替比林的质量直接影响空白实验的吸光度值和测定结果的精密度。必要时，需对其进行提纯。应对提纯效果进行验证，使方法的检出限、精密度和准确

度符合要求。

④ 使用的蒸馏设备不宜与测定工业废水或生活污水的蒸馏设备混用。每次实验前后，应清洗整个蒸馏设备。

⑤ 不得用橡胶塞、橡胶管连接蒸馏瓶及冷凝器，以防止对测定产生干扰。

⑥ 干扰及消除。氧化剂、油类、硫化物、有机或无机还原性物质和苯胺类都会干扰酚的测定。

a. 氧化剂（如游离氯）的消除。样品滴于淀粉-碘化钾试纸（5.13.2.2㉓）上出现蓝色，说明存在氧化剂，可加入过量的硫酸亚铁（5.13.2.2②）去除。

b. 硫化物的消除。当样品中有黑色沉淀时，可取一滴样品放在乙酸铅试纸（5.13.2.2㉔）上，若试纸变黑色，说明有硫化物存在。此时样品继续加磷酸溶液（5.13.2.2⑩）酸化，置通风橱内进行搅拌曝气，直至生成的硫化氢完全逸出。

c. 甲醛、亚硫酸盐等有机或无机还原性物质的消除。可分取适量样品于分液漏斗中，加硫酸溶液（5.13.2.2⑪）呈酸性，分次加入 50mL、30mL、30mL 乙醚（5.13.2.2⑤）以萃取酚，合并乙醚层于另一分液漏斗，分次加入 4mL、3mL、3mL 氢氧化钠溶液（5.13.2.2⑫）进行反萃取，使酚类转入氢氧化钠溶液中。合并碱萃取液，移入烧杯中，置水浴中加温，以除去残余乙醚，然后用无酚水（5.13.2.2①）将碱萃取液稀释到原分取样品的体积。

同时应以无酚水（5.13.2.2①）做空白实验。

d. 油类的消除。样品静置分离出浮油后，按照（5.13.4⑥c）操作步骤进行。

e. 苯胺类的消除。苯胺类可与 4-氨基安替比林发生显色反应而干扰酚的测定，一般在酸性（pH<0.5）条件下，可以通过预蒸馏分离。

5.14 水中硝酸盐氮的测定——紫外分光光度法

硝酸盐是硝酸衍生的化合物的统称，一般为金属离子或铵根离子与硝酸根离子组成的盐类。硝酸盐是离子化合物，含有硝酸根离子（NO_3^-）和对应的正离子，如硝酸铵中的 NH_4^+。常见的硝酸盐有：硝酸钠、硝酸钾、硝酸铵、硝酸钙、硝酸铅、硝酸铈等。水体氮污染正日益成为人们关注的环境问题之一。过高的氮负荷会带来严重的生态环境和人体健康问题，如水体富营养化、温室气体排放、水质恶化等。饮用水中过高的硝酸盐会导致高铁血红蛋白症以及胃癌、直肠癌、淋巴瘤等癌症发病率的升高。

本方法适用于地表水及地下水中硝酸盐氮含量的测定。最低检出质量浓度为 0.08mg/L，测定下限为 0.32mg/L，测定上限为 4mg/L。

5.14.1 实验目的

① 掌握紫外分光光度法测定水中硝酸盐氮的原理和方法。
② 了解测定硝酸盐氮的意义。

5.14.2 实验原理

利用硝酸根离子在 220nm 波长处的吸收而定量测定硝酸盐氮。溶解的有机物在 220nm 波长处也会有吸收，而硝酸根离子在 275nm 处没有吸收。因此，在 275nm 处作另一次测量，以校正硝酸盐氮值。

5.14.3 仪器

① 紫外分光光度计。
② 离子交换柱（ϕ1.4cm，装树脂高 5~8cm）。
③ 其他实验室常用器具。

5.14.4 试剂

除非另有说明外，分析时均使用符合国家标准的分析纯试剂，实验用水为新制备的去离子水。

5.14.4.1 氢氧化铝悬浮液

溶解 125g 硫酸铝钾 [KAl(SO$_4$)$_2$·12H$_2$O] 或硫酸铝铵 [NH$_4$Al(SO$_4$)$_2$·12H$_2$O] 于 1000mL 水中，加热至 60℃，在不断搅拌中，缓慢加入 55mL 浓氨水，放置约 1h 后，移入 1000mL 量筒内，用水反复洗涤沉淀，最后至洗涤液中不含硝酸盐氮为止。澄清后，把上清液尽量全部倾出，只留稠的悬浮液，最后加入 100mL 水，使用前应振荡均匀。

5.14.4.2 硫酸锌溶液

10%硫酸锌水溶液。

5.14.4.3 氢氧化钠溶液

c(NaOH)＝5mol/L。

5.14.4.4 大孔径中性树脂

CAD-40 型或 XAD-2 型及类似性能的树脂。

5.14.4.5 甲醇

分析纯。

5.14.4.6 盐酸

c(HCl)＝1mol/L。

5.14.4.7 硝酸盐氮标准贮备液

称取 0.722g 经 105～110℃ 干燥 2h 的优级纯硝酸钾（KNO_3）溶于水，移入 1000mL 容量瓶中，稀释至标线，加 2mL 三氯甲烷作保存剂，混匀，至少可稳定 6 个月。该标准贮备液每毫升含 0.100mg 硝酸盐氮。

5.14.4.8 0.8% 氨基磺酸溶液

避光保存于冰箱中。

5.14.5 测定步骤

① 吸附柱的制备：新的大孔径中性树脂（5.14.4.4）先用 200mL 水分两次洗涤，用甲醇（5.14.4.5）浸泡过夜，弃去甲醇（5.14.4.5）再用 40mL 甲醇（5.14.4.5）分两次洗涤，然后用新鲜去离子水洗到柱中流出液滴落于烧杯中无乳白色为止。树脂装入柱中时，树脂间绝不允许存在气泡。

② 量取 200mL 水样置于锥形瓶或烧杯中，加入 2mL 硫酸锌溶液（5.14.4.2），在搅拌下滴加氢氧化钠溶液（5.14.4.3），调至 pH 为 7；或将 200mL 水样调至 pH 为 7 后，加 4mL 氢氧化铝悬浮液（5.14.4.1）。待絮凝胶团下沉后，或经离心分离，吸取 100mL 上清液分两次洗涤吸附树脂柱，以每秒 1 至 2 滴的流速流出，各个样品间流速保持一致，弃去。再继续使水样上清液通过柱子，收集 50mL 于比色管中，备测定用。树脂用 150mL 水分三次洗涤，备用。树脂吸附容量较大，可处理 50～100 个地表水水样，具体根据有机物含量而异。使用多次后，可用未接触过橡胶制品的新鲜去离子水作参比，在 220nm 和 275nm 波长处检验，测得吸光度应接近零。超过仪器允许误差时，需以甲醇（5.14.4.5）再生。

③ 加 1.0mL 盐酸溶液（5.14.4.6），0.1mL 氨基磺酸溶液（5.14.4.8）于比色管中，当亚硝酸盐氮低于 0.1mg/L 时，可不加氨基磺酸溶液（5.14.4.8）。

④ 用光程长 10mm 石英比色皿，在 220nm 和 275nm 波长处，以经过树脂吸附的新鲜去离子水 50mL 加 1mL 盐酸溶液（5.14.4.6）为参比，测量吸光度。

⑤ 校准曲线的绘制：于 5 个 200mL 容量瓶中分别加入 0.50mg/mL、1.00mg/mL、2.00mg/mL、3.00mg/mL、4.00mg/mL 硝酸盐氮标准贮备液（5.14.4.7）用新鲜去离子水稀释至标线，其质量浓度分别为 0.25mg/L、0.50mg/L、1.00mg/L、1.50mg/L、2.00mg/L 硝酸盐氮。按水样测定相同操作步骤测量吸光度。

5.14.6 结果处理

校正吸光度的计算

$$A_{校} = A_{220} - 2A_{275} \tag{5-29}$$

式中 A_{220}——220nm 波长测得吸光度；

A_{275}——275nm 波长测得吸光度。

求得吸光度的校正值（$A_{校}$）以后，从校准曲线中查得相应的硝酸盐氮量，即为水样测定结果（mg）。水样若经稀释后测定，则结果应乘以稀释倍数。硝酸盐氮的含量按下式计算：

$$\rho = \frac{m}{V} \times 1000 \tag{5-30}$$

式中　ρ——水样中的硝酸盐氮浓度，mg/L；

　　　m——依据校正吸光度值，从校准曲线中查得相应的硝酸盐氮量，mg；

　　　V——所取水样的体积，mL。

5.14.7　注意事项

① 水样采集后立即放入冰箱中，或在低于4℃条件下保存，但保存期不得超过12h。若放置时间较长，则需加入0.5mL浓硫酸酸化，使水样pH小于2，并尽快测定。

② 溶解的有机物、表面活性剂、亚硝酸盐氮、六价铬、溴化物、碳酸氢盐和碳酸盐等干扰测定，需进行适当的预处理。可采用絮凝共沉淀和大孔中性吸附树脂进行处理，以排除水样中大部分常见有机物、浊度和 Fe^{3+}、Cr^{6+} 对测定的干扰。

③ 为了了解水中受污染程度和变化情况，需对水样进行紫外吸收光谱分布曲线的扫描，如无扫描装置时，可手动在220～275nm区间，每隔2～5nm测量吸光度，绘制波长-吸光度曲线。经适用性情况检验后，参考吸光度比值小于20%或经絮凝后参考吸光度比值小于20%的水样可不经预处理，否则需经树脂吸附操作。

5.15　阴离子表面活性剂的测定——亚甲蓝分光光度法

阴离子表面活性剂是指在水中电离后起表面活性作用的部分带负电荷的表面活性剂，从结构上可分为羧酸盐、磺酸盐、硫酸酯盐和磷酸酯盐四大类。其中磺酸盐和硫酸酯盐，是目前阴离子表面活性剂的主要类别。表面活性剂的各种功能主要表现在改变液体的表面、液-液界面和液-固界面的性质，其中液体的表（界）面性质是最重要的。阴离子表面活性剂是普通合成洗涤剂的主要活性成分，使用最广泛的阴离子表面活性剂是直链烷基苯磺酸钠（LAS）。本方法采用LAS作为标准物，其烷基碳链在 C_{10}～C_{13} 之间，平均碳数为12，平均分子量为344.4。

当采用10mm光程的比色皿，试份体积为100mL时，本方法的最低检出浓度为0.05mg/L LAS，检测上限为2.0mg/L LAS。

本方法适用于测定饮用水、地面水、生活污水及工业废水中的低浓度亚甲蓝活性物质（MBAS），亦即阴离子表面活性物质。在实验条件下，主要被测物是LAS、烷基磺酸钠和脂肪醇硫酸钠，但可能存在一些正的和负的干扰。

5.15.1 实验目的

① 掌握亚甲蓝分光光度法测定阴离子表面活性剂的原理和方法。
② 了解测定阴离子表面活性剂的意义。

5.15.2 实验原理

阳离子染料亚甲蓝与阴离子表面活性剂作用，生成蓝色的盐类，统称亚甲蓝活性物质(MBAS)。该生成物可被氯仿萃取，其色度与浓度成正比，用分光光度计在波长652nm处测量氯仿层的吸光度。

5.15.3 仪器

5.15.3.1 分光光度计

能在波长652nm处进行测量，配有5nm、10nm、20nm比色皿。

5.15.3.2 分液漏斗

250mL，最好用聚四氟乙烯（PTFE）活塞。

5.15.3.3 索氏抽提器

150mL平底烧瓶，$\phi35mm\times160mm$抽出筒，蛇形冷凝管。

5.15.3.4 其他实验室常用仪器

5.15.4 试剂

仅使用公认的分析纯试剂和蒸馏水，或具有同等纯度的水。

5.15.4.1 氢氧化钠（NaOH）

$c(NaOH)=1mol/L$。

5.15.4.2 硫酸（H_2SO_4）

$c(H_2SO_4)=0.5mol/L$。

5.15.4.3 氯仿（$CHCl_3$）

5.15.4.4 直链烷基苯磺酸钠贮备溶液

称取0.100g标准物LAS(平均分子量344.4)，准确至0.001g，溶于50mL水中，转移到100mL容量瓶中，稀释至标线并混匀。每毫升含1.00mg LAS。保存于4℃冰箱中。如需要，每周配制1次。

5.15.4.5 直链烷基苯磺酸钠标准溶液

准确吸取10.00mL直链烷基苯磺酸钠贮备溶液（5.15.4.4），用水稀释至

1000mL，每毫升含 10.0μg LAS。当天配制。

5.15.4.6 亚甲蓝溶液

先称取 50g 一水磷酸二氢钠（$NaH_2PO_4 \cdot H_2O$）溶于 300mL 水中，转移到 1000mL 容量瓶内，缓慢加入 6.8mL 浓硫酸（H_2SO_4，$\rho = 1.84g/mL$），摇匀。另称取 30mg 亚甲蓝（指示剂级），用 50mL 水溶解后也移入容量瓶，用水稀释至标线，摇匀。此溶液贮存于棕色试剂瓶中。

5.15.4.7 洗涤液

称取 50g 一水磷酸二氢钠（$NaH_2PO_4 \cdot H_2O$）溶于 300mL 水中，转移到 1000mL 容量瓶中，缓慢加入 6.8mL 浓硫酸（H_2SO_4，$\rho = 1.84g/mL$），用水稀释至标线。

5.15.4.8 酚酞指示剂溶液

将 1.0g 酚酞溶于 50mL 乙醇［C_2H_5OH，95%（体积分数）］中，然后边搅拌边加入 50mL 水，滤去形成的沉淀。

5.15.4.9 玻璃棉或脱脂棉

在索氏抽提器（5.15.3.3）中用氯仿（5.15.4.3）提取 4h 后，取出干燥，保存在清洁的玻璃瓶中待用。

5.15.5 测定步骤

5.15.5.1 校准

取一组分液漏斗（5.15.3.2）10 个，分别加入 100mL、99mL、97mL、95mL、93mL、91mL、89mL、87mL、85mL、80mL 水，然后分别移入 0mL、1.00mL、3.00mL、5.00mL、7.00mL、9.00mL、11.00mL、13.00mL、15.00mL、20.00mL 直链烷基苯磺酸钠标准溶液（5.15.4.5），摇匀。按第 5.15.5.3 部分处理每一标准，以测得的吸光度扣除试剂空白值（零标准溶液的吸光度）后与相应的 LAS 量(ng)绘制校准曲线。

5.15.5.2 试份体积

为了直接分析水和废水样，应根据预计的亚甲蓝表面活性物质（MBAS）的浓度选用试份体积，见表 5-7。

表 5-7 试份量与预计的 MBAS 浓度对照表

预计的 MBAS 浓度/(mg/L)	试份量/mL	预计的 MBAS 浓度/(mg/L)	试份量/mL
［0.05,2.0)	100	［10,20)	10
［2.0,10)	20	［20,40］	5

当预计的 MBAS 浓度超过 2mg/L 时，按上表选取试份量，用水稀释至 100mL。

5.15.5.3 测定

① 将所取试份移至分液漏斗，以酚酞（5.15.4.8）为指示剂，逐滴加入 1mol/L 氢氧化钠溶液（5.15.4.1）至水溶液呈桃红色，再滴加 0.5mol/L 硫酸（5.15.4.2）到桃红色刚好消失。

② 加入 25mL 亚甲蓝溶液（5.15.4.6），摇匀后再移入 10mL 氯仿（5.15.4.3），激烈振摇 30s，注意放气。过分地摇动会发生乳化，加入少量异丙醇（小于 10mL）可消除乳化现象。加相同体积的异丙醇至所有的标准中，再慢慢旋转分液漏斗，使滞留在内壁上的氯仿液珠降落，静置分层。

③ 将氯仿层放入预先盛有 50mL 洗涤液（5.15.4.7）的第二个分液漏斗，用数滴氯仿（5.15.4.3）淋洗第一个分液漏斗的放液管，重复萃取三次，每次用 10mL 氯仿（5.15.4.3）。合并所有氯仿至第二个分液漏斗中，剧烈摇动 30s，静置分层。将氯仿层通过玻璃棉或脱脂棉（5.15.4.9），放入 50mL 容量瓶中。再用氯仿（5.15.4.3）萃取洗涤液两次（每次用量 5mL），此氯仿层也并入容量瓶中，加氯仿（5.15.4.3）到标线。

注：① 如水相中蓝色变淡或消失，说明水样中亚甲蓝表面活性物（MBAS）浓度超过了预计量，以致加入的亚甲蓝全部被反应掉。应弃去试样，再取一份较少量的试份重新分析。

② 测定含量低的饮用水及地面水可将萃取用的氯仿总量降至 25mL。三次萃取用量分别为 10mL、5mL、5mL，再用 3~4mL 氯仿萃取洗涤液，此时检测下限可达到 0.02mg/L。

④ 每一批样品要做一次空白实验（5.15.5.4）及一种校准溶液（5.15.5.1）的完全萃取。

⑤ 每次测定前，振荡容量瓶内的氯仿萃取液，并以此液洗三次比色皿，然后将比色皿充满。

在 652nm 处，以氯仿（5.15.4.3）为参比，测定样品、校准溶液和空白实验的吸光度。应使用相同光程的比色皿。每次测定后，用氯仿（5.15.4.3）清洗比色皿。

以试份的吸光度减去空白实验（5.15.5.4）的吸光度后，从校准曲线（5.15.5.1）上查得 LAS 的质量。

5.15.5.4 空白实验

按 5.15.5.3 的规定进行空白实验，仅用 100mL 水代替试样。在实验条件下，每 10mm 光程长空白实验的吸光度不应超过 0.02，否则应仔细检查设备和试剂是否有污染。

5.15.6 结果处理

用亚甲蓝活性物质（MBAS）的浓度报告结果，以 LAS 计，平均分子量为

344.4。公式如下所示：

$$\rho = \frac{m}{V} \tag{5-31}$$

式中　ρ——水样中亚甲蓝活性物（MBAS）的浓度，mg/L；

　　m——从校准曲线上读取的表观 LAS 质量，mg；

　　V——试份的体积，mL。

结果以三位小数表示。

5.15.7　注意事项

① 取样和保存样品应使用清洁的玻璃瓶，并事先经甲醇清洗过。短期保存建议冷藏在 4℃ 冰箱中，如果样品需保存超过 24h，则应采取保护措施。保存期为 4 天，加入 1%（体积分数）的 40%（体积分数）甲醛溶液即可，保存期长达 8 天，则需用氯仿饱和水样。

② 本方法的目的是测定水样中溶解态的阴离子表面活性剂。在测定前，应将水样预先经中速定性滤纸过滤以去除悬浮物。吸附在悬浮物上的表面活性剂不计在内。

③ 玻璃器皿在使用前先用水彻底清洗，然后用 10%（质量分数）的乙醇盐酸清洗，最后用水冲洗干净。

④ 干扰及其消除。

a. 主要被测物以外的其他有机的硫酸盐、磺酸盐、羧酸盐、酚类以及无机的硫氰酸盐、氰酸盐、硝酸盐和氯化物等，它们或多或少地与亚甲蓝作用，生成可溶于氯仿的蓝色配合物，致使测定结果偏高。必须处理以消除干扰。

b. 通过水溶液反洗可消除这些正干扰（有机硫酸盐、磺酸盐除外），其中氯化物和硝酸盐的干扰大部分被去除；经水溶液反洗仍未除去的非表面活性物引起的正干扰，可借汽提萃取法将阴离子表面活性剂从水相转移到有机相而加以消除。

c. 一般存在于未经处理或一级处理的污水中的硫化物，它能与亚甲蓝反应，生成无色的还原物而消耗亚甲蓝试剂。可将试样调至碱性，滴加适量的过氧化氢（H_2O_2，30%），避免其干扰。

d. 存在季铵类化合物等阳离子物质和蛋白质时，阴离子表面活性剂将与其作用，生成稳定的配合物，而不与亚甲蓝反应，使测定结果偏低。这些阳离子类干扰物可采用阳离子交换树脂（在适当条件下）去除。

生活污水及工业废水中的一般成分，包括尿素、氨、硝酸盐，以及防腐用的甲醛和氯化汞（Ⅱ）已表明不产生干扰。然而，并非所有天然的干扰物都能消除，因此被检物总体应确切地称为阴离子表面活性物质或亚甲蓝活性物质（MBAS）。

5.16 水中硫化物的测定——气相分子吸收光谱法

水中硫化物包括溶解性的 H_2S、HS^-、S^{2-}，存在于悬浮物中的可溶性硫化物、酸可溶性金属硫化物以及未电离的有机、无机类硫化物。

地下水（特别是温泉水）及生活污水，通常含有硫化物，其中一部分是在厌氧条件下，由于细菌的作用，硫酸盐还原或含硫有机物的分解而产生的。某些工矿企业，如焦化、造纸、选矿、印染和制革等工业废水亦含有硫化物。

本方法适用于地表水、地下水、海水、饮用水、生活污水及工业废水中硫化物的测定。使用 202.6nm 波长，方法的检出限 0.005mg/L，测定下限为 0.020mg/L，测定上限为 10mg/L；在 228.8nm 波长处，测定上限为 500mg/L。

5.16.1 实验目的

① 掌握气相分子吸收光谱法测定水中硫化物的原理和方法。
② 了解测定硫化物的意义。

5.16.2 实验原理

在 5%～10% 磷酸介质中将硫化物瞬间转变成 H_2S，用空气将该气体载入气相分子吸收光谱仪的吸光管中，在 202.6nm 等波长处测得的吸光度与硫化物的浓度遵守比尔定律。

5.16.3 仪器

5.16.3.1 气相分子吸收光谱仪

5.16.3.2 锌 (Zn) 空心阴极灯

电流 3～5mA。

5.16.3.3 可调定量加液器

500mL 无色玻璃瓶，加液量 0～10mL，用硅胶软管连接定量加液器嘴与反应瓶盖的进液管。

5.16.3.4 具塞比色管 (50mL)

5.16.3.5 混合纤维素滤膜 (ϕ35mm，孔径 3μm)

5.16.3.6 聚碳酸酯减压过滤器 (ϕ35mm)

5.16.3.7 水流减压抽滤泵及抽滤瓶

5.16.3.8 医用不锈钢长柄镊子

5.16.3.9 气液分离装置（见图5-1）

清洗瓶1及样品吹气反应瓶3为容积50mL标准磨口玻璃瓶；干燥管4中装入无水高氯酸镁（5.16.4.6）。将各部分用PVC软管连接仪器（5.16.3.1）。仪器（5.16.3.1）的收集器中装入乙酸铅棉（5.16.4.13）。

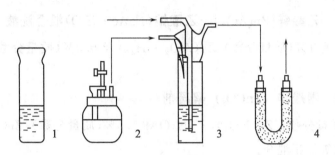

图5-1　气液分离装置示意图
1—清洗瓶；2—定量加液器；3—样品吹气反应瓶；4—干燥器

注：空心阴极灯电流：3～5mA；载气（空气）流量：0.5L/min；工作波长：202.6nm；光能量保持在100%～117%范围内；测量方式：峰高或峰面积。

5.16.4 试剂

所用试剂均为符合国家标准的分析纯化学试剂；实验用水，除配制硫化物标准用水外，均为电导率≤1μS/cm的去离子水。

5.16.4.1 碱性除氧去离子水

将去离子水，加盖表面皿煮沸约20min，冷却后，调至pH为8～9。密塞，保存于聚乙烯瓶中。

5.16.4.2 硫酸[$c(H_2SO_4)$=3mol/L]

5.16.4.3 磷酸（H_3PO_4，10%水溶液）

5.16.4.4 过氧化氢（H_2O_2）

原液，30%（质量分数）。

5.16.4.5 氢氧化钠溶液[$c(NaOH)$=1mol/L]

称取4g氢氧化钠，溶解于水，稀释至100mL，摇匀。

5.16.4.6 无水高氯酸镁[$Mg(ClO_4)_2$，8～10目]

5.16.4.7 碘化钾（KI，固体）

5.16.4.8 淀粉溶液（1%，质量分数）

称取1g可溶性淀粉于小烧杯中，用水调成糊状，加入沸水100mL，搅拌均匀。

5.16.4.9　乙酸锌溶液$\{c[Zn(Ac)_2]=1mol/L\}$

称取 220g 乙酸锌$[Zn(Ac)_2 \cdot H_2O]$，溶于水，稀释至 1000mL，摇匀。

5.16.4.10　乙酸锌＋乙酸钠固定液

称取 50g 乙酸锌$[Zn(Ac)_2 \cdot H_2O]$和 125g 乙酸钠$(NaAc \cdot H_2O)$，溶解于 1000mL 水中，摇匀。

5.16.4.11　乙酸锌$[Zn(Ac)_2]$＋乙酸钠$(NaAc \cdot H_2O)$混合洗液

该洗液为含有 1%（质量分数）$Zn(Ac)_2 \cdot H_2O$ 及 0.3%（质量分数）$NaAc \cdot H_2O$ 的水溶液。

5.16.4.12　碳酸锌（$ZnCO_3$）絮凝剂

配制 3%（质量分数）$Zn(NO_3)_2 \cdot 6H_2O$ 和 1.5%（质量分数）$ZnCO_3$ 水溶液，分别保存。用时以等体积混合。

5.16.4.13　乙酸铅棉

将脱脂棉浸泡在 10%（质量分数）$Pb(Ac)_2 \cdot 3H_2O$ 溶液中 10min，取出晾干备用。

5.16.4.14　重铬酸钾标准溶液$[c(1/6K_2Cr_2O_7)=0.0500mol/L]$

准确称取于 105～110℃烘干 2h 的基准或优级纯重铬酸钾（$K_2Cr_2O_7$）2.453g 溶解于水，移入 1000mL 容量瓶中，用水稀释至标线，摇匀。

5.16.4.15　硫代硫酸钠标准溶液$[c(Na_2S_2O_3)\approx0.05mol/L]$

称取 12.40g 硫代硫酸钠（$Na_2S_2O_3 \cdot 5H_2O$）溶解于新煮沸 3～5min 并冷却至室温的水中，移入 1000mL 棕色容量瓶中，用水稀释至标线，摇匀。放置 5～7d 后标定其准确浓度。

标定方法：于 250mL 碘量瓶中，加入 1g 碘化钾（5.16.4.7）及 50mL 水，加入 1000mL 重铬酸钾标准溶液（5.16.4.14）及 5mL 硫酸（5.16.4.2），密塞混匀，置于暗处 5min，用待标定的硫代硫酸钠溶液（5.16.4.15）滴定至溶液呈淡黄色时，加入 1mL 淀粉溶液（5.16.4.8），继续滴定至蓝色刚好消失，记录标准溶液的用量。同时做空白滴定。

硫代硫酸钠标准溶液的浓度由下式计算：

$$c=\frac{0.0500mol/L \times 10.00mL}{V_1-V_2} \tag{5-32}$$

式中　c——硫代硫酸钠标准溶液的准确浓度，mol/L；

$\quad\quad V_1$——滴定重铬酸钾标准溶液时，硫代硫酸钠标准溶液的用量，mL；

$\quad\quad V_2$——滴定空白时，硫代硫酸钠标准溶液的用量，mL。

5.16.4.16　碘标准溶液$[c(1/2I_2)=0.05mol/L]$

准确称取 6.400g 碘，于 250mL 烧杯中，加入 20g 碘化钾（5.16.4.7）及少量水溶解后，移入 1000mL 棕色容量瓶中，用水稀释至标线，摇匀，置阴凉避光处保存。

5.16.4.17　硫化钠标准原液

取 1～2g 结晶状硫化钠（$Na_2S \cdot 9H_2O$）置于布氏漏斗或小烧杯中，用水淋洗，除去表面杂质，用干滤纸仔细吸去水分后，称取 0.7g 溶解于少量水，转移至 100mL 棕色容量瓶中，用水稀释至标线，摇匀。该原液标定使用完毕后，应当舍弃，不能保存再进行标定使用。

标定方法：在 250mL 碘量瓶中，加入 10mL 1mol/L 乙酸锌溶液（5.16.4.9）、10mL 待标定的硫化钠标准原液（5.16.4.17）及 20mL 0.1mol/L 的碘标准溶液（5.16.4.16），用水稀释至 60mL，加入硫酸（5.16.4.2）5mL，密塞摇匀，于暗处放置 5min。用硫代硫酸钠标准溶液（5.16.4.15）滴定至溶液呈淡黄色时，加入 1mL 淀粉溶液（5.16.4.8），继续滴定至蓝色刚好消失，记录标准溶液的用量。同时以 10mL 代替硫化钠溶液做空白滴定。

按下式计算 1mL 硫化钠原液中硫的质量（mg/mL）：

$$m = \frac{(V_0 - V_1) \times c \times 16.03}{10.00} \tag{5-33}$$

式中　V_0——滴定空白时，硫代硫酸钠标准溶液的用量，mL；

　　　V_1——滴定硫化钠原液时，硫代硫酸钠标准溶液的用量，mL；

　　　c——硫代硫酸钠标准溶液的浓度，mol/L；

16.03——$1/2S^{2-}$ 的摩尔质量，g/mol。

5.16.4.18　硫化物标准使用液（$5.00\mu g/mL$）

准确吸取一定量刚配制并经标定的标准原液，边摇边滴加到含有 5mL 乙酸锌 $[Zn(Ac)_2]$＋乙酸钠（$NaAc \cdot H_2O$）固定液（5.16.4.10）和 800mL 碱性除氧去离子水（5.16.4.1）的 1000mL 棕色容量瓶中，用碱性除氧去离子水（5.16.4.1）稀释至刻度，摇匀后，立即分取部分溶液于棕色试剂瓶中，作为日常使用的标准溶液。标准使用液常温下保存于暗处，可使用 6 个月。

5.16.5　测定步骤

5.16.5.1　测量系统的净化

每次测定之前，将反应瓶盖插入装有约 5mL 水的清洗瓶中，通入载气，净化测量系统，调整仪器零点。测定后，水洗反应瓶盖和砂芯。

5.16.5.2　校准曲线的绘制

逐个吸取 0.00mL、0.50mL、1.00mL、2.00mL、3.00mL、4.00mL 标准使用液（5.16.4.18）于样品反应瓶中，加水至 5mL，将反应瓶盖与样品反应瓶密闭，用定量加液器（5.16.3.3）加入 5mL 磷酸（5.16.4.3），通入载气，依次测定各标准溶液吸光度，以吸光度与相对应的硫化物的量（μg）绘制校准曲线。

5.16.5.3　水样的测定

大多数水样，取样 5mL（硫含量≤20μg）于样品反应瓶中，以下操作同第 5.16.5.2 部分校准曲线的绘制。

对含有产生吸收的有机物气体等特别复杂的个别水样，取适量（硫含量≤200μg）于比色管（5.16.3.4）中，加入 2～10mL 絮凝剂（5.16.4.12），加水至标线，摇匀，吸取 10mL 于滤膜（5.16.3.5）中央抽滤，用洗液（5.16.4.11）洗涤沉淀 5～8 次。用镊子（5.16.3.8）将滤膜放入样品反应瓶下部，无沉淀的一面贴住瓶壁，加入 2 滴 H_2O_2（5.16.4.4），密闭反应瓶盖，用可调定量加液器（5.16.3.3）加入 10mL 磷酸（5.16.4.3）后，竖着旋摇反应瓶 1～2min，沉淀溶解后，通入载气，测定吸光度。

测定水样前，测定空白样，进行空白校正。

5.16.6　结果处理

硫化物（以 S 计）的含量 $\rho(mg/L)$ 按下式计算：

$$\rho = \frac{m - m_0}{V} \tag{5-34}$$

式中　m——根据校准曲线计算出水样中硫化物量，μg；

　　　m_0——根据校准曲线计算出的空白量，μg；

　　　V——取样体积，mL。

5.16.7　注意事项

① 由于水中硫化物的不稳定，在水样采集时，不能对取样点曝气和剧烈搅动，采集后，要及时加入乙酸锌溶液，使之成为硫化锌混悬液。当水样为酸性时，应当补加碱溶液以防释放出硫化氢，水样满瓶后加塞，尽快送化验室进行分析。

② 无论采用哪种方法分析，都必须对水样进行预处理以消除干扰和提高检测水平。呈色物、悬浮物、SO_3^{2-}、$S_2O_3^{2-}$、硫醇、硫醚以及其他还原性物质的存在，都会影响分析结果。消除这些物质干扰的方法，可以采用沉淀分离、吹气分离、离子交换等。

③ 用于稀释和试剂溶液配制的水不能含有 Cu^{2+} 和 Hg^{2+} 等重金属离子，否则会因生成酸不溶硫化物使分析结果偏低，因此不要使用金属蒸馏器制得的蒸馏水，最好使用去离子水或全玻璃蒸馏器蒸得的蒸馏水。

④ 乙酸锌吸收液中含有痕量重金属时也会影响测定结果，可以在充分振摇下，向 1L 乙酸锌吸收液中逐滴加入 1mL 新制备的 0.05mol/L 硫化钠溶液，静置过夜，再旋转摇动后用质地细密的定量滤纸过滤，弃去除滤液，这样可以排除吸收液中痕量重金属的干扰。

⑤ 硫化钠标准溶液极不稳定，浓度越低越容易变化，必须于用前配制并立即标

定。用于配制标准溶液的硫化钠结晶表面常含有亚硫酸盐，从而造成误差，最好取用大颗粒结晶，并用水快速淋洗，洗去亚硫酸盐后再称量。

5.17 粪大肠菌群的测定——滤膜法

粪大肠菌群是总大肠菌群的一部分，又称耐热大肠菌群，主要来源于粪便。在44.5℃下能生长并发酵乳糖产酸产气的大肠菌群称为粪大肠菌群。通过提高培养温度的方法，可造成不利于来自自然环境的大肠菌群的生长条件，使培养出来的菌主要是来自粪便中的大肠菌群，可以更准确地反映出水质受粪便污染的情况。粪大肠菌群是自来水监测的一项重要指标。粪大肠菌群的测定可以用多管发酵法和滤膜法。本节主要介绍滤膜法。该法适用于一般地表水、地下水、生活污水及工业废水中粪大肠菌群的测定。

5.17.1 实验目的

① 掌握滤膜法测定水中粪大肠菌群的原理和方法。
② 了解测定粪大肠菌群的意义。

5.17.2 实验原理

滤膜是一种微孔性薄膜。将水样注入已灭菌的放置有滤膜（孔径 $0.45\mu m$）的滤器中，经抽滤，细菌就会被截留在滤膜上，然后将滤膜贴于 MFC 培养基上，44.5℃下培养24h，胆盐三号可抑制革兰氏阳性菌的生长，粪大肠菌群能生长并发酵乳糖产酸使指示剂变色，通过颜色判断是否产酸，并通过呈蓝色或蓝绿色菌群计数滤膜上生长的此特性的菌落数，计算出每升水样中含有的粪大肠菌群数。

5.17.3 培养基和试剂

除另有说明，所用试剂均为符合国家标准的分析纯化学试剂；实验用水为新制备的去离子水或同等纯度的水。

5.17.3.1 MFC 培养基

成分：胰胨	10g
蛋白胨	5g
酵母浸膏	3.0g
氯化钠	5.0g
乳糖	12.5g

胆盐三号	1.5g
1%苯胺蓝水溶液	10mL
1%玫瑰红酸溶液（溶于0.2mol/L氢氧化钠液中）	10mL
蒸馏水	1000mL

制法：将上述培养基中的成分（除苯胺蓝和玫瑰红酸外），置于蒸馏水中加热溶解，调节pH值为7.4。分装于小烧瓶内，每瓶100mL，于115℃灭菌20min。贮于冰箱内备用。使用前，按上述成分比例，用灭菌吸管分别加入已煮沸灭菌的1%苯胺蓝水溶液1mL及新配制的1%玫瑰红酸溶液（溶于0.2mol/L氢氧化钠液中）1mL，混合均匀。如培养物中杂菌不多，则不加玫瑰红酸亦可。加热溶解前，加入1.2%～1.5%琼脂可制成固体培养基。也可选用市售成品培养基。

保存：配制好的培养基避光、干燥保存，必要时在（5±3）℃冰箱中保存，并避免杂菌侵入和液体蒸发。分装到平皿中的培养基可保存2～4周。配制好的培养基不能进行多次融化操作，以少量勤配为宜。一旦培养基颜色发生变化、或体积有明显变化时，应废弃不用，重新培养。

5.17.3.2　无菌滤膜

直径50mm，孔径0.45μm的醋酸纤维滤膜，按无菌操作要求包扎，经121℃高压蒸汽灭菌20min，晾干备用；或将滤膜放入烧杯中，加入实验用水，煮沸灭菌3次，15min/次，前两次煮沸后需更换水洗涤2～3次。

5.17.3.3　无菌水

取适量实验用水，经121℃高压蒸汽灭菌20min，备用。

5.17.3.4　硫代硫酸钠（$Na_2S_2O_3 \cdot 5H_2O$）

5.17.3.5　乙二胺四乙酸二钠（$C_{10}H_{14}N_2O_8Na_2 \cdot 2H_2O$）

5.17.3.6　硫代硫酸钠溶液[$\rho(Na_2S_2O_3)=0.10g/mL$]

称取15.7g硫代硫酸钠（5.17.3.4），溶于适量水中，定容至100mL，临用现配。

5.17.3.7　乙二胺四乙酸二钠溶液[$\rho(C_{10}H_{14}N_2O_8Na_2 \cdot 2H_2O)=0.15g/mL$]

称取15g乙二胺四乙酸二钠（5.17.3.5），溶于适量水中，定容至100mL，此溶液可保存30d。

5.17.4　仪器和设备

① 采样瓶：1L、500mL或250mL带螺旋帽或磨口塞的广口玻璃瓶。

② 高压蒸汽灭菌器：115℃、121℃可调。

③ 恒温培养箱：允许温度为（44.5±0.5）℃。

④ 过滤装置：配有砂芯滤器和真空泵，抽滤压力勿超过-50kPa。

⑤ pH计：准确到0.1。

⑥ 培养皿：直径90mm。

⑦ 一般实验室常用仪器和设备。

5.17.5 测定步骤

5.17.5.1 样品接种量的选择

样品接种量的选择是根据细菌受检验的特征和水样中的细菌密度来确定的。如水样中粪大肠菌的密度未知，可按表 5-8 所列体积过滤水样，以得出水样的粪大肠菌密度。先估计出适合在滤膜上计数所应使用的体积，然后再取该体积的 10 倍或 1/10，分别过滤，理想的样品接种量是一片滤膜上生长 20～60 个粪大肠菌群菌落，总菌落数不得超过 200 个。根据样品的种类判断接种量，最小过滤体积为 10mL，如接种量小于 10mL 时应逐级稀释。1：10 稀释的方法为：吸取 10mL 样品，注入盛有 90mL 无菌水（5.17.3.3）的锥形瓶内，混匀，制成 1：10 稀释样品。样品接种量与水样类型对照见表 5-8。

表 5-8 接种量与水样类型对照表

水样类型		接种量/mL							
		100	10	1	0.1	10^{-2}	10^{-3}	10^{-4}	10^{-5}
地表水	较清洁的湖水	▲	▲	▲					
	一般的江水		▲	▲	▲				
	城市内的河水		▲	▲	▲				
废水	生活污水						▲	▲	▲
	工业废水 处理前						▲	▲	▲
	工业废水 处理后		▲	▲	▲				
地下水			▲	▲	▲				

5.17.5.2 滤膜及滤器的灭菌

将滤膜放入烧杯，加蒸馏水，置于沸水浴中煮沸灭菌三次，每次 15min，前两次煮沸后需更换水洗涤 2～3 次，以除去残留溶剂。也可用 121℃高压蒸汽灭菌 10min，时间一到，迅速将蒸汽放出，以尽量减少滤膜上凝聚的水分。滤器、接液瓶和垫圈应分别用纸包好，在使用前先经 121℃高压蒸汽灭菌 30min，滤器灭菌也可用点燃的酒精棉球火焰灭菌。

5.17.5.3 过滤装置的安装

以无菌操作把滤膜过滤器装置依照图 5-2 装好。

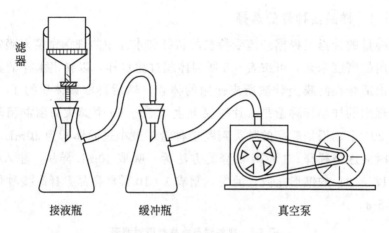

图 5-2 滤膜过滤器装置图

5.17.5.4 过滤

用无菌镊子夹取菌滤膜边缘，将粗糙面向上，贴放在已灭菌的滤床上，固定好滤器。将适量的水样注入滤器中，加盖，开动真空泵即可完成抽滤。

5.17.5.5 培养

使用 MFC 培养基。培养基可含或不含琼脂。不含琼脂的培养基使用已用 MFC 培养基饱和过的无菌吸收垫。将滤过水样的滤膜置于琼脂或吸收垫表面。将培养皿紧密盖好后，置于能准确恒温于 (44.5 ± 0.5)℃的恒温平原箱或恒温水浴中，培养 (24 ± 2)h。

5.17.6 结果处理

粪大肠菌群菌落在 MFC 培养基上呈现蓝色或是蓝绿色，其他非粪大肠菌群菌落呈灰色、淡黄色或无色。正常情况下，由于温度或玫瑰酸盐试剂的选择性作用，在 MFC 培养基上很少见到非粪大肠菌群菌落。必要时，可将符合的菌落接种于 EC 培养液，在 (44.5 ± 0.5)℃培养 (24 ± 2)h，如产气则证实为粪大肠菌群。

计数呈现蓝色或是蓝绿色的菌落，按下式计算出样品中的粪大肠菌群数（CFU/L）。

$$C = \frac{C_1 \times 1000}{f} \tag{5-35}$$

式中 C——样品中粪大肠菌群数，CFU/L；

C_1——粪大肠菌群菌落总数，个；

1000——将过滤体积的单位由 mL 转换为 L；

f——样品接种量，mL。

5.17.7 注意事项

① 活性氯具有氧化性，能破坏微生物细胞内的酶活性，导致细胞死亡，可在样品采集时加入硫代硫酸钠溶液（5.17.3.6）。

② 重金属离子具有细胞毒性，能破坏微生物细胞内的酶活性，导致细胞死亡，可在样品采集时加入乙二胺四乙酸二钠溶液（5.17.3.7）。

③ 用于检验加氯消毒后的水样时，在滤膜法之前，应先做实验，证明其所获得的数据资料与多管发酵法所获得的数据资料具有可比性。

④ 微生物检验要求必须为无菌环境。

⑤ 如采用恒温水浴培养，则需用防水胶带粘封每一个平皿，再将培养皿成叠封入防水塑料袋或容器内，浸没在 (44.5±0.5)℃的恒温水浴中，在培养时间内，装培养皿的塑料袋必须全程浸没在水面之下，以严格保持所需温度。所有已制备的培养物都应在过滤后 30min 内浸入水浴中。

⑥ 培养基有光敏作用，必须遮光存放。

⑦ 当样品浑浊度较高时，应选用其他方法。

5.18 水中硫酸盐的测定——铬酸钡分光光度法

硫是一种变价元素，在自然界它可以呈现不同的价态形成不同的矿物。当它以最高的价态 S 与四个 O 结合成 SO_4^{2-}，再与金属元素阳离子结合即形成硫酸盐。硫酸盐，是由硫酸根离子（SO_4^{2-}）与其他金属离子组成的化合物，都是电解质，且大多数溶于水。硫酸盐矿物是金属元素阳离子（包括铵根）和硫酸根相结合而成的盐类。在硫酸盐矿物中，与硫酸根结合的金属阳离子有二十余种。其中最主要的是 Ca、Mg、K、Na、Ba、Sr、Pb、Fe、Al、Cu 的离子。

本方法适用于一般地表水、地下水中含量较低硫酸盐的测定。本方法适用的质量浓度范围为 8~200mg/L。

5.18.1 实验目的

掌握铬酸钡分光光度法测定水中硫酸盐的原理和方法。

5.18.2 实验原理

在酸性溶液中，硫酸盐与铬酸钡悬浮液反应，反应式如下：

$$SO_4^{2-} + BaCrO_4 = \!\!=\!\!= BaSO_4 \downarrow + CrO_4^{2-}$$

溶液中和后，多余的铬酸钡及生成的硫酸钡仍是沉淀状态，经过滤除去沉淀。在碱性条件下，铬酸根离子呈现黄色，测定其吸光度可知硫酸盐的含量。

5.18.3 仪器

① 比色管：50mL。

② 锥形瓶：150mL。

③ 加热及过滤装置。

④ 分光光度计。

⑤ 一般实验室仪器。

5.18.4 试剂

除非另有说明，分析时均使用符合国家标准或专业标准分析纯试剂，去离子水或同等纯度的水。

5.18.4.1 铬酸钡悬浮液

称取 19.44g 铬酸钾（K_2CrO_4）与 24.44g 铬酸钡（$BaCrO_4 \cdot 2H_2O$），分别溶于 1L 去离子水中，加热至沸腾。将两溶液倾入同一个 3L 烧杯内。此时生成黄色铬酸钡沉淀。待沉淀下降后，倾出上清液，然后每次用 1L 去离子水沉淀，共需洗涤 5 次左右。最后加去离子水至 1L，使其变成悬浮液，每次使用前摇匀。每 5mL 铬酸钡悬浮液可以沉淀约 48mg 硫酸根（SO_4^{2-}）。

5.18.4.2 （1+1）的氨水

5.18.4.3 盐酸（HCl，2.5mol/L）

5.18.4.4 硫酸盐标准溶液

准确称取 1.4786g 无水硫酸钠（Na_2SO_4，优级纯）或 1.8141g 无水硫酸钾（K_2SO_4，优级纯），用适量水溶解，置 1000mL 容量瓶中，用水稀释至标线，摇匀。此溶液 1.00mL 含 1.00mg 硫酸根（SO_4^{2-}）。

5.18.5 实验步骤

① 分取 50mL 水样，置于 150mL 锥形瓶中。

② 另取八个 150mL 锥形瓶，分别加入 0mL、0.25mL、1.00mL、2.00mL、4.00mL、6.00mL、8.00mL 及 10.00mL 硫酸盐标准溶液（5.18.4.4），加去离子水至 50mL。

③ 向水样及标准溶液中各加 1mL 的 2.5mol/L 盐酸溶液（5.18.4.3），加热煮沸 5min 左右。取下后再各加 2.5mL 铬酸钡悬浮液（5.18.4.1），再加热煮沸 5min 左右。

④ 取下锥形瓶，稍冷后，向各瓶逐滴加入（1+1）的氨水（5.18.4.2）至呈柠

檬黄色,再多加 2 滴。

⑤ 待溶液冷却后,用慢性定性滤纸过滤,滤液收集于 50mL 比色管内(如滤液浑浊,应重复过滤至透明)。用去离子水洗涤锥形瓶及滤纸三次,滤液收集于比色管中,用去离子水稀释至标线。

⑥ 在 420nm 波长下,用 10mm 比色皿测量吸光度,绘制标准曲线。

5.18.6 结果处理

硫酸盐的质量浓度按下式计算:

$$\rho(SO_4^{2-}) = \frac{m}{V} \times 1000 \tag{5-36}$$

式中 $\rho(SO_4^{2-})$——硫酸盐的质量浓度,mg/L;

m——根据校准曲线计算出的水样中的硫酸盐量,mg;

V——所取试样的体积,mL;

5.18.7 注意事项

① 玻璃器皿不能用铬酸钾洗液洗涤。

② 水样采集后,立即用 $0.45\mu m$ 滤膜抽滤除去悬浮物,贮存于聚乙烯瓶中。

③ 水样中碳酸根也能与钡离子形成沉淀,在加入铬酸钡之前,需将样品酸化并加热以除去碳酸盐。

④ 氨水吸收空气中的二氧化碳生成碳酸铵使空白样品值增高,最好能够在每次临用前配制氨水。

⑤ 加入铬酸钡后再煮沸是为了让反应更充分,在酸性加热条件下硫酸钡较稳定。

⑥ 冷却后加入的氨水必须过量,使反应向生成铬酸根离子的方向进行。

⑦ 过滤时滤纸、滤器及比色管必须干燥,滤液应澄清。

5.19 水中氯化物的测定——硝酸银滴定法

氯化物在无机化学领域里是指带负电的氯离子和其他元素带正电的阳离子结合而形成的盐类化合物。氯化钠(俗称食盐)是最常见的氯化物。

本方法适用的浓度范围为 $10\sim500mg/L$ 的氯化物,高于此范围的水样经稀释后可以扩大其测定范围。因此适用于天然水中氯化物的测定,也适用于经过适当稀释的高矿化度水如咸水、海水等,以及经过预处理除去干扰物的生活污水或工业废水。

5.19.1 实验目的

① 掌握硝酸银($AgNO_3$)溶液的配制和标定。

② 了解 $AgNO_3$ 滴定法测定水中氯化物的原理和方法。

5.19.2　实验原理

在中性至弱碱性范围内（$pH=6.5 \sim 10.5$），以铬酸钾为指示剂，用硝酸银滴定氯化物时，由于氯化银的溶解度小于铬酸银的溶解度，氯离子首先被完全沉淀出来后，然后铬酸盐以铬酸银的形式被沉淀，呈砖红色，到达指示滴定终点，该沉淀滴定的反应如下：

$$Ag^+ + Cl^- \longrightarrow AgCl \downarrow$$
$$2Ag^+ + CrO_4^{2-} \longrightarrow Ag_2CrO_4 \downarrow （砖红色）$$

5.19.3　仪器

① 锥形瓶，250mL。

② 滴定管，25mL，棕色。

③ 吸管，50mL、25mL。

5.19.4　试剂

分析中仅使用分析纯试剂及蒸馏水或去离子水。

5.19.4.1　高锰酸钾 $[c(1/5KMnO_4)=0.01mol/L]$

5.19.4.2　过氧化氢（H_2O_2，30%）

5.19.4.3　乙醇（C_2H_5OH，95%）

5.19.4.4　硫酸溶液 $[c(1/2H_2SO_4)=0.05mol/L]$

5.19.4.5　氢氧化钠溶液 $[c(NaOH)=0.05mol/L]$

5.19.4.6　氢氧化铝悬浮液

溶解125g硫酸铝钾于1L蒸馏水中，加热至60℃，然后边搅拌边缓缓加入55mL浓氨水放置约1h后，移至大瓶中，用倾泻法反复洗涤沉淀物，直到洗出液不含氯离子为止。用水稀至约为300mL。

5.19.4.7　氯化钠标准溶液 $[c(NaCl)=0.0141mol/L]$

其相当于500mg/L氯化物含量：将氯化钠（NaCl）置于瓷坩埚内，在 $500 \sim 600$℃下灼烧 $40 \sim 50min$。在干燥器中冷却后称取8.2400g，溶于蒸馏水中，在容量瓶中稀释至1000mL。用吸管吸取10.0mL，在容量瓶中准确稀释至100mL。

1.00mL此标准溶液含0.50mg氯化物。

5.19.4.8　硝酸银标准溶液 $[c(AgNO_3)=0.0141mol/L]$

称取2.3950g于105℃烘半小时的硝酸银（$AgNO_3$），溶于蒸馏水中，在容量瓶中稀释至1000mL，贮于棕色瓶中。

用氯化钠标准溶液（5.19.4.7）标定其浓度：

用吸管准确吸取25.00mL氯化钠标准溶液（5.19.4.7）于250mL锥形瓶中，加蒸馏水25mL。另取一锥形瓶，量取蒸馏水50mL作空白。各加入1mL铬酸钾溶液（5.19.4.9），在不断摇动下用硝酸银标准溶液滴定至砖红色沉淀刚刚出现为终点。计算每毫升硝酸银溶液所相当的氯化物量，然后校正其浓度，再做最后标定。

1.00mL此标准溶液相当于0.50mg氯化物。

5.19.4.9　铬酸钾溶液（50g/L）

称取5g铬酸钾（K_2CrO_4）溶于少量蒸馏水中，滴加硝酸银标准溶液（5.19.4.8）至有红色沉淀生成。摇匀，静置12h，然后过滤并用蒸馏水将滤液稀释至100mL。

5.19.4.10　酚酞指示剂溶液

称取0.5g酚酞溶于50mL 95％乙醇（5.19.4.3）中。加入50mL蒸馏水，再滴加0.05mol/L氢氧化钠溶液（5.19.4.5）使呈微红色。

5.19.5　测定步骤

5.19.5.1　干扰的排除

若无以下各种干扰，此部分可省去。

① 如水样浑浊并带有颜色，则取150mL或取适量水样稀释至150mL，置于250mL锥形瓶中，加入2mL氢氧化铝悬浮液（5.19.4.6），振荡过滤，弃去最初滤下的20mL，用干的清洁锥形瓶接取滤液备用。

② 如果有机物含量高或色度高，可用马弗炉灰化法预先处理水样。取适量废水样于瓷蒸发皿中，调节pH值至8～9，置水浴上蒸干，然后放入马弗炉中在600℃下灼烧1h，取出冷却后，加10mL蒸馏水，移入250mL锥形瓶中，并用蒸馏水清洗三次，一并转入锥形瓶中，调节pH值到7左右，稀释至50mL。

③ 由有机质产生的较轻色度，可以加入0.01mol/L高锰酸钾（5.19.4.1）2mL，煮沸。再滴加乙醇（5.19.4.3）以除去多余的高锰酸钾至水样褪色，过滤，滤液贮于锥形瓶中备用。

④ 如果水样中含有硫化物、亚硫酸盐或硫代硫酸盐，则加氢氧化钠溶液（5.19.4.5）将水样调至中性或弱碱性，加入1mL 30％过氧化氢（5.19.4.2），摇匀，1min后加热至70～80℃，以除去过量的过氧化氢。

⑤ 加入1mL铬酸钾溶液（5.19.4.9）用硝酸银标准溶液（5.19.4.8）滴定至砖红色沉淀刚刚出现即为滴定终点。

同法做空白滴定。

注：铬酸钾在水样中的浓度影响终点到达的迟早，在50～100mL滴定液中加入1mL 5％铬酸钾溶液，使CrO_4^{2-}浓度为2.6×10^{-3}～5.2×10^{-3}mol/L。在滴定终点时，硝酸银加入量略过终点，可用空白测定值消除。

5.19.6 结果处理

氯化物含量 ρ(mg/L) 按下式计算：

$$\rho = \frac{(V_2 - V_1) \times c \times 35.45 \times 1000}{V} \tag{5-37}$$

式中　V_1——蒸馏水消耗硝酸银标准溶液量，mL；

　　　V_2——试样消耗硝酸银标准溶液量，mL；

　　　c——硝酸银标准溶液浓度，mol/L；

　　　V——试样体积，mL。

5.19.7 注意事项

① 如果水样的 pH 值在 6.5～10.5 范围内，可直接测定。当 pH 值＜6.5 时，须用碱中和水样；当水样 pH 值＞10.5 时，须用不含氯化物的硝酸或硫酸中和水样。

② 空白实验中加少量 $CaCO_3$，是由于水样测定时有白色 AgCl 沉淀生成。而空白实验是以蒸馏水代替水样，蒸馏水中不含 Cl^-，所以滴定过程中不生成白色沉淀。为了获得与水样测定有相似的浑浊程度，以便比较颜色，所以加少量的 $CaCO_3$ 做背景。

③ 沉淀 Ag_2CrO_4 为砖红色，但滴定时一般出现淡橘红色即停止滴定。因为 Ag_2CrO_4 沉淀过多，溶液颜色太深，比较颜色确定滴定终点比较困难。

④ 正磷酸盐及聚磷酸盐分别超过 250mg/L 及 25mg/L 时会有干扰。铁含量超过 10mg/L 时也会使终点不明显。

参 考 文 献

[1] 王子东，邵黎歌．水环境监测与分析技术 ［M］．北京：化学工业出版社，2016．

[2] 吴吉春，张景飞．水环境化学 ［M］．北京：中国水利水电出版社，2009．

[3] 姚卡玲．大学基础化学实验 ［M］．北京：中国计量出版社，2008．

[4] 董德明，朱利中．环境化学实验 ［M］．北京：高等教育出版社，2009．

[5] 邓晓燕，初永宝，赵玉美．环境监测实验 ［M］．北京：化学工业出版社，2014．

[6] 江锦花．环境化学实验 ［M］．北京：化学工业出版社，2010．

[7] 汤鸿霄，戴树桂，汪群慧．水环境化学 ［M］．北京：高等教育出版社，1987．

[8] 汤鸿霄．环境水化学纲要 ［J］．环境科学丛刊，1986，9（2）：1-74．

[9] 中华人民共和国水利部，长江水拜环境监测中心．SL 219—98 中国水环境监测规范 ［S］．北京：中国水利水电出版社，1998．

[10] 国家环境保护总局．2005 中国环境状况公报 ［J］．环境保护，2006（06B）：10-19．

[11] 陈静生．水环境化学 ［M］．北京：高等教育出版社，1987．

[12] 奚旦立，孙裕生，刘秀英．环境监测 ［M］．3 版．北京：高等教育出版社，2004．

[13] 刘兆荣，陈忠明，赵广英，等．环境化学教程 ［M］．北京：化学工业出版社，2003．

[14] 邵敏，赵美萍．环境化学实验 ［M］．北京：中国环境科学出版社，2001．

[15] 《水质　采样方案设计技术规定》（HJ 495—2009）．

[16] 《水质　采样技术指导》（HJ 494—2009）．

[17] 《水质采样　样品的保存和管理技术规定》（HJ 493—2009）．

[18] 《污水监测技术规范》（HJ 91.1—2019）．

[19] 《生活饮用水卫生标准》（GB 5749—2006）．

[20] 《地表水环境质量标准》（GB 3838—2002）．

[21] 《水质　水温的测定　温度计或颠倒温度计测定法》（GB 13195—91）．

[22] 《水质　悬浮物的测定　重量法》（GB 11901—89）．

[23] 《水质　浊度的测定》（GB 13200—91）．

[24] 《水质　pH 值的测定　玻璃电极法》（GB 6920—86）．

[25] 《水质　溶解氧的测定　碘量法》（GB 7489—87）．

[26] 《水质　高锰酸盐的测定》（GB 11892—89）．

[27] 《水质　五日生化需氧量（BOD_5）的测定 稀释与接种法》（HJ 505—2009）．

[28] 《水质　化学需氧量的测定　快速消解分光光度法》（HJ/T 399—2007）．

[29] 《水质　氨氮的测定　纳氏试剂比色法》（HJ 535—2009）．

[30] 《水质　总磷的测定　钼酸铵分光光度法》（GB 11893—89）．

[31] 《水质　总氮的测定　碱性过硫酸钾消解紫外分光光度法》（HJ 636—2012）．

[32] 《水质　挥发酚的测定　4-氨基安替比林分光光度法》（HJ 503—2009）．

[33] 《水质　硝酸盐氮的测定　紫外分光光度法（试行）》（HJ/T 346—2007）．

[34] 《水质　阴离子表面活性剂的测定　亚甲蓝分光光度法》（GB 7494—87）．

[35] 《水质　硫化物的测定　气相分子吸收光谱法》（HJ/T 200—2005）．

[36] 《水质　粪大肠菌群的测定　滤膜法》（HJ/T 347.1—2018）．

[37] 《水质　硫酸盐的测定　铬酸钡分光光度法（试行）》（HJ/T 342—2007）．

[38] 《水质　氯化物的测定　硝酸银测定法》（GB 11896—89）．